UNE SECONDE

EXCURSION BOTANIQUE

DANS

LA CHARENTE-INFÉRIEURE,

EN AOUT ET SEPTEMBRE 1848;

Par l'abbé J.-M. DELALANDE,

PROFESSEUR D'HISTOIRE NATURELLE AU PETIT-SÉMINAIRE DE NANTES, MEMBRE DE LA SOCIÉTÉ ACADÉMIQUE DE NANTES ET DE LA LOIRE-INFÉRIEURE, ET DE LA SOCIÉTÉ DES SCIENCES NATURELLES DE LA ROCHELLE.

NANTES,

IMPRIMERIE DE M.me V.e CAMILLE MELLINET.

1849.

UNE SECONDE

EXCURSION BOTANIQUE

DANS LA CHARENTE-INFÉRIEURE,

EN AOUT ET SEPTEMBRE 1848;

PAR M. L'ABBÉ J.-M. DELALANDE.

En terminant le récit de ma *première excursion botanique dans la Charente-Inférieure, en septembre* 1847, je me plaisais à annoncer un second voyage dans les mêmes contrées. Je savais quelles belles plantes étaient venues enrichir mon herbier, j'allais dire aussi les collections de mes collègues, car je n'ai jamais pu comprendre l'avarice dans aucun cas, encore moins en histoire naturelle. Non, celui-là n'est pas vraiment naturaliste qui n'a su que fermer la main, jamais l'ouvrir; il n'a jamais goûté le plaisir de faire des heureux, d'être heureux lui-même. J'avais, dis-je, enrichi mon herbier, mais j'étais loin de m'attendre à voir les petites notes manuscrites que j'avais communiquées à un botaniste de la Rochelle m'obtenir le titre flatteur de membre correspondant de la Société des Sciences naturelles de cette ville, société fondée en 1836 pour l'étude spéciale et le collectionnement des productions naturelles du département de la Charente-Inférieure. Cet honneur m'imposait des devoirs. Pour commencer à payer ma dette et pour seconder les vues de la Société, j'ai consacré presque deux mois entiers à de nouvelles investigations.

Dans mon premier récit, je me suis efforcé de peindre naïvement les joies et les déceptions que le naturaliste rencontre sur son chemin. Je suivrai la même marche dans celui-ci. Je ne puis me résoudre à donner des aperçus généraux sur la végétation du département. Je n'ai examiné que quelques pouces de terre et à une seule époque de l'année, et j'irais généraliser mes observations! Je craindrais de raisonner comme ce touriste parisien qui me répétait bien haut, à bord du bateau à vapeur *la Reine*, que les Bretons ne savaient rendre aucun service à moins d'être payés, parce qu'une pauvre femme, à Carnac, n'avait répondu à ses questions qu'à la vue d'une pièce de monnaie. Je raconterai ce que j'ai vu; je viens apporter ma pierre à l'édifice floral futur; à d'autres de coordonner mes matériaux.

Le 16 août, je revoyais la belle patrie de Réaumur, et, dès le lendemain, commençaient mes explorations.

Un travail gigantesque a été, depuis peu d'années, entrepris dans le port de La Rochelle. C'est une magnifique jetée destinée à rompre l'effort de la mer et à faciliter l'arrivage des bâtiments. Elle s'avance au S.-O. et s'étend vers la pointe des Minimes, sur une longueur de 635 mètres. Les travaux de terrassement ont amené sur ce terrain deux plantes inscrites depuis au *Catalogue* (1), et j'avais la douce jouissance de les présenter à l'un de mes nouveaux collègues : ***Malva niceensis***, facile à distinguer de la ***M. rotundifolia***, par sa corolle rosée et ***surtout*** par ses carpelles *glabres, fortement creusés-ridés*, et ***Atriplex littoralis***. Cette dernière plante s'est tellement propagée, que la partie de la jetée opposée à la mer en est littéralement couverte. D'autres plantes moins intéressantes y croissent aussi : ***Chenopodium opulifolium***, ***Hordeum maritimum***, ***Polypogon maritimum***; et plus près des vases salées : ***Suæda maritima***, ***Salsola Kali***, ***S. Soda*** et ***Beta maritima***. L'***Euphrasia Jaubertiana*** signalée, l'année dernière, comme nouvelle pour la Charente-Inférieure, fleurissait abondante à l'extrémité de la jetée, près des carrières qui avoisinent la maisonnette de Bellevue.

Le 19, j'avais à peine rempli mes premiers devoirs en-

(1) *Catalogue provisoire pour servir à la Flore de la Charente-Inférieure*. La Rochelle, 1840. En janvier 1849, j'ai reçu de l'obligeance de M. d'Orbigny père, archiviste de la Société, un nouvel exemplaire de ce Catalogue. Les noms des plantes découvertes depuis sa publication étaient ajoutés de la main de M. Hubert, d'après l'exemplaire officiel. Ce sera mon point de départ ; je serais désolé de m'attribuer des découvertes que d'autres auraient eu le mérite de faire avant moi : *Suum cuique*.

vers des parents qui se plaisent à exercer à mon égard une aimable hospitalité, et déjà je désirais revoir ce beau bois de Surgères qui devait encore acquérir de nouveaux titres à mes souvenirs en enrichissant mon herbier et la Flore locale. Sur la route, dans la haie, les corolles roses de l'*Althæa cannabina* sortaient abondantes du milieu des ronces; non loin de là paraissaient les fleurs dorées du *Senecio erucæfolius* avec sa tige et ses feuilles velues-cotonneuses et grisâtres; et, comme pour mieux faire ressortir les caractères différentiels, le *S. Jacobæa* croissait à ses côtés dans la compagnie du *Sium amomum*. Maintes fois, l'année dernière, j'avais examiné ce chemin, et l'*Althæa cannabina* s'était soustrait à ma vue. J'en conclus que le botaniste doit visiter plusieurs fois les mêmes localités à des saisons, à des années différentes, s'il veut se faire une idée vraie de la végétation d'un pays. Je pourrais prendre aisément dans l'histoire des découvertes botaniques de notre Loire-Inférieure des exemples à l'appui. Il suffirait de citer le *Polycnemum arvense* d'Arthon, le *Stachys annua* de Chéméré, le *Silene annulata* Thore, qui étouffe presque les champs de lin au Pont-Saint-Martin et à la Chevrollière, où il est si commun, que les cultivateurs le regardent comme du lin dégénéré et lui donnent le nom de *lin fou*, et le *Filago Jussiæi*. M. Lloyd, en 1844, soupçonnait que cette synanthérée devait exister à Machecoul, et je l'y ai vue en abondance l'année suivante. N'est-ce pas encore au séjour de M. Guiho, à Ancenis, que nous devons le *Gagea bohemica* et le *Peucedanum alsaticum*? Ne nous lassons donc jamais; notre persévérance sera couronnée du succès; une heureuse rencontre nous dédommagera de nos peines. Je reviens à mes plantes et à leur *station*.

Croissent dans les champs : ***Petroselinum segetum***, ***Stellera passerina***, ***Melampyrum arvense***, ***Euphrasia Jaubertiana***, ***Delphinium cardiopetalum***, ***Coronilla varia***, ***Galium anglicum***, ***Lithospermum arvense***, ***Bifora testiculata***, ***Falcaria Rivini*** Host, Delastre, Cosson et Germ., DC. Prodr. (***Sium Falcaria*** L., ***Drepanophyllum Falcaria*** Mœnch, Duby et Catalogue), ***Teucrium Botrys***, ***Myagrum perfoliatum***, quelques pieds du ***Filago germanica***, et surtout ***F. Jussiœi*** Coss. et Germ. Ce *Filago* se distingue surtout du *F. germanica* par ses glomérules munis à la base d'un involucre de 3-4 feuilles qui dépassent les capitules (1) ; par ses capitules non plongés dans un tomentum épais et distincts presque jusqu'à leur base ; par son involucre à cinq angles très-saillants séparés par des sinus profonds ; tandis que le *F. germanica* a ses glomérules dépourvus d'involucre foliacé ou munis d'un involucre très-court et alors réduit ordinairement à 1-2 feuilles ; ses capitules plongés dans un tomentum épais presque jusqu'au

---

(1) L'involucre général des glomérules du *F. Jussiœi* est formé par les feuilles des rameaux raccourcis qui constituent le glomérule lui-même. Ces feuilles se développent normalement dans cette espèce et dépassent le glomérule. Dans le *F. germanica*, au contraire, les feuilles restent rudimentaires, ou une seule se développe. Il ne faut pas confondre les feuilles de cet involucre avec celles qui se trouvent à la base des rameaux et qui peuvent également dépasser le glomérule. (*Note de MM. Cosson et Germain.* Flore des environs de Paris, page 407.)

milieu de leur hauteur ; son involucre à cinq angles à peine marqués et séparés par des intervalles presque plans. La var. B *pyramidata* Auct. du *Filago germanica* se rapproche davantage du *F. Jussiæi* par ses feuilles oblongues subovales ou presque spathulées, obtuses ; mais s'en distinguera par les autres caractères que je viens de donner pour ces deux espèces, d'après MM. Cosson et Germain.

Paraissent sur le bord des haies : *Hippocrepis comosa*, *Geranium columbinum*, *Teucrium Chamædrys*, *Phleum nodosum*, *Lithospermum officinale*, avec toutes ses tiges toujours droites, et *L. purpureo-cœruleum*, si remarquable par sa corolle d'un beau bleu et par la différence de ses tiges florifères et stériles. Celles qui sont fleuries, sont toujours dressées, et les stériles sont couchées ou rampantes ; *Cirsium acaule* (1) et sa variété *B. caulescens* DC. Prodr., qui croissait *in pinguioribus*, comme le dit ce savant botaniste, et avait plus de 25 centimètres de tige.

Pendant six jours, l'inspection du bois de Surgères a occupé mes moments. Je l'ai parcouru dans tous les sens, et je ne puis encore me flatter de l'avoir complétement exploré, même pour la saison. Chaque tournée m'apportait une nouvelle jouissance. Tantôt *Quercus pubescens*, *Inula montana*, *Galium boreale A fructibus glabris* DC. Flore

(1) Est-ce par exception que cette plante, si commune dans les calcaires, croît dans notre département, non-seulement dans les mêmes conditions minéralogiques, mais encore sur la *diorite schistoïde*, dans les landes de Dréféac et de Barel, entre Quilly et Saint-Omer, et sur les roches serpentineuses de Planté, près Quilly ?

Fr., n.° 3385 suppl. (*G. boreale A hyssopifolium* DC. Prodr., page 600), nouveauté pour le *Catalogue ;* tantôt *Onosma echioides*, qui ne paraît pas avoir d'emploi dans le pays. Chez nos épiciers, à Nantes, c'est le *Lithospermum tinctorium*, que l'on trouve sous le nom d'*Orcanette*, et qui sert à colorer les bois dont on fabrique les meubles dans les campagnes de l'arrondissement de Savenay. Avouons aussi que les préparations colorantes obtenues avec les bois étrangers commencent à prendre faveur. Une autre fois, c'étaient *Epipactis latifolia, Astragalus glycyphyllos, Trifolium rubens, Orobus niger;* un autre jour *Ononis striata* Gouan, nouveauté pour le Catalogue; *Anthyllis Vulneraria, Brunella vulgaris B. alba* Coss. et Germ. (*B. alba* Pallas; *B. laciniata* du Catalogue), *Euphorbia verrucosa, Centaurea nigra !* (? au Catalogue), *Coronilla varia, Prunus insititia* L., plante nouvelle pour la Flore.

Chaque jour encore je revoyais *Genista tinctoria*, *Cirsium bulbosum*, plante très-rare pour notre Loire-Inférieure, puisqu'elle n'a encore été trouvée qu'à Anetz et à Couffé; *Seseli montanum*, *Pulmonaria angustifolia*, *Linum Tenuifolium, Hypochœris maculata.* Quelques échantillons avaient deux ou trois fleurs; mais le plus grand nombre était uniflore, modification signalée comme variété B. (DC. Fl. fr. 5.e vol., page 451 ; Duby, page 306 ; *Achyrophorus maculatus B monocephalus* DC. Prodr. VII. p. 93), et indiquée comme *possible* au Catalogue. J'ai bien de la peine à admettre cette modification comme variété, et je serais plutôt tenté de dire avec le vieux Clusius : *in quo (caule) plerumque unicus (nonnumquam alter et ter-*

tius) *flos .....emicat*, ou avec Koch : *caule* 1-3 *cephalo*. Je ne ferais, du reste, que partager l'opinion de MM. Loiseleur-Deslonchamps (*Flora gallica*), Boreau (1) (*Fl. du centre de la France*), Desvaux (*Fl. de l'Anjou*), Guépin (*Fl. de Maine-et-Loire*), Delastre (*Fl. de la Vienne*), Godron (*Fl. de Lorraine*), Mérat (*Fl. des environs de Paris*), Cosson et Germain, etc.

Plus heureux que M. Lesson, j'ai rencontré partout dans ce bois le *Scorzonera hirsuta* avec ses graines couvertes sur toute leur surface d'un duvet laineux. Je signalerai encore le *Phyteuma orbicularis*, cité à tort sous le nom d'*hemisphæricum* dans ma 1.re *excursion botanique*. Il était mêlé au *Globularia vulgaris* et au *Trinia vulgaris* DC. Prodr. IV., page 103. Ce genre n'est connu que depuis l'impression du Catalogue ; mais il est mentionné sur l'exemplaire annoté de M. d'Orbigny père, sous le nom de *T. glaberrima* Duby. Tous les nombreux échantillons que j'ai réunis ont les rameaux beaucoup plus divariqués que dans la figure de Clusius (hist. 2, page 200, fig. 1), citée par De Candolle. Ce *Trinia* croissait au milieu de l'*Ononis striata*, qui est aussi une nouveauté. Je ne puis passer sous silence d'autres végétaux encore plus communs : *Melampyrum cristatum*, et *M. pratense*, *Euphrasia lutea!* et *E. officinalis B nemorosa* Lloyd (*Fl. de la Loire-Inférieure*), dont les poils de la tige sont crépus, appliqués,

(1) Il publie actuellement la *Flore du centre de la France et du bassin de la Loire, ou Description des plantes qui croissent spontanément ou qui sont cultivées en grand dans les départements arrosés par la Loire ou par ses affluents ;* 2 vol., qui paraîtront en avril prochain.

les feuilles à dents mucronées, les fleurs plus petites et plus ou moins lavées de violet; *Seseli Libanotis*, *Cytisus supinus*, *Hippocrepis comosa*, *Helianthemum vulgare*, *Catananche cœrulea*, *Peucedanum Cervaria*, très-commun; *Lathyrus latifolius*, *Spirœa filipendula*, *Euphrasia Odontites*, *Melilotus officinalis*, *Chysocoma Linosyris* L! (*Linosyris vulgaris* Cass., DC., Prodr. v, p. 352). L'espèce que j'ai vue cultivée sous ce nom à Rochefort, et peut-être aussi à la Rochelle, est le *Chrysocoma graminifolia* L.! (*Solidago* — Ell. DC., Prodr. v, p. 341.) Le *Carduncellus mitissimus* terminera cette longue liste. Je sais que des doutes ont été émis à la Rochelle sur la justesse de ma détermination; mais elle est appuyée sur des échantillons reçus de botanistes de Tours, Rodez, Bergerac et Paris, et l'estimable et clairvoyant auteur de la *Flore du centre de la France*, qui a vu mes échantillons, me confirme encore dans mon opinion. Les mêmes autorités me font persister également à soutenir que les bois de Surgères renferment l'*Inula salicina* L.! cueilli l'an dernier comme nouveauté pour le Catalogue; j'ajoute que l'*Inula squarrosa* L., y est encore moins rare, surtout du côté de Saint-Georges et de Benon.

Dès le 25 août, la moitié des *bois de Surgères* était *palénée*, c'est ainsi qu'on appelle dans ce pays *faucher l'herbe des bois*, qu'on désigne sous le nom de *palène*. Bien des plantes étaient déjà tombées sous la faulx, et ont dû à cette opération le malheur d'échapper à mes collections.

Le 22, je fis une petite course dans les *bois de Vandré*. Elle n'ajouta rien à ce que j'avais vu dans ceux de Surgères. Le *Quercus pubescens* et le *Lithospermum purpureo cœruleum* y étaient communs. Dans les champs, je revis : *Delphinium cardiopetalum*, *Iberis amara*, *Erythræa pulchella*, *Stachys annua*, *Melilotus arvensis*, *Filago Jussiæi*. Les *Buplevrum falcatum* L., *rotundifolium* L., et *protractum* Link couvraient pêle-mêle la crête et les talus d'un même fossé et l'ombrageaient de leurs rameaux fleuris ou fructifiés. Ces deux derniers buplèvres n'ont de commun que leurs feuilles perfoliées; mais ils ont des caractères différentiels très-tranchés : 1.° *par leurs involucelles* à folioles jaunâtres au sommet, redressées et fermées après la floraison dans le *B. rotundifolium*, tandis que ces mêmes folioles sont d'un jaune vif et demeurent écartées après l'anthèse dans le *B. protractum* ; 2.° *par leurs fruits*, striés et non granuleux dans le *B. rotundifolium*, à vallécules granuleuses dans le *B. protractum*. Ce dernier a, en outre, les fruits moitié plus gros au moins que le précédent, et ne se trouve que dans les annotations du Catalogue.

Les marais de Surgères qui, l'année dernière, m'avaient offert le *Chara hispida*, nouveauté alors pour le Catalogue, méritaient encore un coup d'œil. Dans les excavations d'où la tourbe a été extraite, cette espèce forme un épais gazon. Elle est mêlée au *Chara fragilis* Desv. (*C. vulgaris* Thuil.), qui est aussi une nouveauté. J'y ai cueilli également le *Chara fœtida* Braun (*C. vulgaris* Auct. non L. *ex annotatione Cl. Braun in herb. Desv.*) Sur le bord de ce marais, le *Salix cinerea*, plante *possible* du Catalogue, et inscrite depuis, n'est pas rare. Je dirai la même chose du *Schœnus nigricans ;* mais je me garderai bien d'en dire autant du *Cyperus fuscus*, de l'*Œnanthe Lachenalii* et surtout du *Chlora imperfoliata* L. fil. (*C. Sessili-*

folia Desv.), avec son gros calice à lobes trinervés, soudés par le bas dans le quart de leur longueur, et à peu près égaux à la corolle.

Le 28, sur la route de Surgères à Rochefort, près de Muron, l'*Althæa cannabina* me montre ses corolles dans une haie. Dans les prés de Saint-Louis croît l'*Inula helenium*, et, dans les canaux qui bordent ces prairies, s'élancent les chaumes triangulaires du *Scirpus triqueter*.

A Rochefort, j'ai, le même jour, le bonheur de serrer la main d'un botaniste de La Rochelle, M. Hubert, pharmacien, l'un des 24 fondateurs de la Société des Sciences naturelles. Fidèle au rendez-vous, il venait avec armes et bagages partager mes jouissances et mes fatigues : nous allions enfin parcourir Oleron. Chers végétaux,

Vous *cueillir* seul a sans doute son prix ;
Cueillis à deux, vous valez mieux encore.

Après avoir traversé la Charente à Soubise, bientôt apparaît devant nous, à 6 kilomètres de Marennes, *Brouage*, patrie du célèbre Champlain, fondateur et premier gouverneur de Quebec. Quelle belle ville, s'écrie le voyageur, à la vue de ses bastions, de ses guérites ornées, de ses remparts revêtus d'une belle maçonnerie et plantés d'arbres majestueux! Qu'elle paraît redoutable et inaccessible! Oh! c'est sans doute une place de guerre importante! Peut-être se rappelle-t-il alors la petite *Jacopolis* ou Jacqueville, fondée en 1555, par Jacques de Pons, et qui déjà, en 1570, soutenait un siége de huit jours, ce port, le plus beau que la mer ait formé sur cette côte, ce hâvre excellent qui pouvait recevoir des vaisseaux de toutes grandeurs, ce centre des opérations maritimes de Richelieu, quand il voulut réduire La Rochelle. Il va revoir alors aussi sans doute ses rues tirées au cordeau, sa belle place centrale, l'hôtel du gouverneur, l'hôpital, l'arsenal et ses immenses magasins. En passant à Rochefort, il a admiré l'élégance des édifices de cette ville, la propreté, la largeur de ses rues; il va s'extasier encore.

Mais quel désappointement en passant sous le pont-levis! Quel triste tableau s'offre à ses yeux! Quelques bâtiments restés à peine debout au milieu de la destruction générale; les rues, les places couvertes d'herbes; les maisons, les foyers même de l'ancienne population encombrés et remplis d'arbustes qui en dominent les débris. Saisi d'étonnement, il demande quel fléau porta le ravage dans l'enceinte de ces murailles que le canon paraît cependant avoir respectées; et l'hôte, pâle et amaigri, qui se trouve là pour le recueillir, échappé lui-même vingt fois à la mort, s'empresse de lui répondre : l'INSALUBRITÉ! Dans les beaux jours de Brouage, vous dira-t-il, on y comptait 400 maisons, un siége royal, un siége d'amirauté, un bureau des fermes. Mais dès 1702, il fallut transférer à Marennes le siége d'amirauté et le bureau des fermes. En 1730, on retira la garnison qui fut remplacée par six compagnies d'invalides; elles furent elles-mêmes réduites à une seule en 1742. A cette dernière époque, on comptait encore 415 habitants; en 1801, nous n'étions plus que 171, et en 1815 seulement, 105. Mais, ajoute-t-il, le cœur plein d'espérance, cet affligeant tableau naguère encore trop réel, devient aujourd'hui moins lugubre. Marennes, notre sous-préfecture, a eu le bonheur de posséder, pendant près de vingt ans (de 1818 à 1837), un honorable magistrat, qui comprit de suite que le plus important service qu'il pouvait rendre à l'arrondissement qu'il était chargé d'administrer, était d'attaquer avec énergie la cause de cette insalubrité, et de rendre aussi en même temps à l'agriculture une surface immense de terrains improductifs. Le zèle et la constance de M. Leterme sont parvenus à améliorer notre position d'une manière si notable, qu'aujourd'hui plus de 200 personnes, indépendamment de la garnison, habitent Brouage, et les maladies endémiques dont notre malheureuse contrée est accablée chaque année, à l'époque de la canicule, sont un peu moins terribles.

Paraissez-vous désireux de remonter aux causes primitives de cette insalubrité ? votre hôte vous répondra : N'avez-vous pas remarqué cette vaste plaine qui nous entoure, au milieu de laquelle la grande route de Rochefort à Marennes trace des sinuosités nombreuses, ces 24,000 journaux de marais salants qui, il y a 200 ans, produisaient les meilleurs sels d'Europe ? Ce sont les *Marais-Gâts*. Leurs propriétaires, par défaut d'entretien des canaux, ont laissé s'envaser cette immense saline, richesse et santé du pays tant que le flux put alimenter les compartiments destinés à la fabrication du sel. Mais bientôt les eaux de la mer se retirèrent successivement par l'effet continuel du dépôt des vases sur le rivage, et laissèrent enfin à découvert cette grande étendue de marais salants. Les propriétaires furent obligés de les abandonner, faute de bras et de moyens suffisants pour les mettre en culture. Cette multitude innombrable d'*étiers*, de *vasières* et d'*œillets* ainsi délaissés et dont le fond glaiseux ne se prête pas aux infiltrations, forma autant de réservoirs où les eaux pluviales devinrent bientôt croupissantes ; le nombre et la vigueur des végétaux s'augmenta, et la décomposition de ces plantes vint mêler ses émanations putrides à celles des eaux stagnantes où périssent des myriades d'insectes, de mollusques et de poissons. Malgré l'assainissement dû aux travaux de desséchement, il reste encore beaucoup à faire ; les trois quarts peut-être de cette surface sont encore des foyers d'infection qui rappellent ceux de la campagne de Rome. Dans le canton de Marennes, on compte 1 décès sur 19 et même sur 16 habitants. Il faudrait se hâter de combler en partie cette multitude de cavités, ouvrir aux eaux pluviales de faciles débouchés et creuser de véritables fossés qui, pendant l'été, seraient toujours remplis d'eau (douce, salée ou saumâtre, peu importe), au moins à la hauteur d'un mètre (1). Mais, hélas ! si les

(1) Cette insalubrité d'un pays ne vient pas des amas d'eau ni du sol couvert d'eau. Les bords des étangs ne deviennent malsains que lorsque les eaux ont quitté la surface qu'elles occupaient, et que le soleil d'été vient à frapper ce sol découvert et provoquer la décomposition des débris de toute espèce qu'elles ont laissés dans ses couches supérieures. En conséquence, les fièvres sont rares, sur le bord de ces étangs, dans les années pluvieuses ; — et les plateaux argilo-siliceux, dont le sous-sol ne laisse pas passer les eaux, produisent à la fin de l'été, dans les années sèches, des émanations qui attaquent la santé des habitants ; — d'un autre côté, ce fâcheux effet n'apparaît presque pas dans les pays calcaires. — M. Puvis, *Sur les différentes manières d'amender le sol*, inséré dans les Annales de l'Agriculture française de 1835, et que je cite d'après l'excellente *Statistique de la Charente-Inférieure*, de M. Gautier, 1839.

propriétaires de 1687, avec un revenu double du revenu actuel, ont laissé s'envaser leurs canaux, comment voulez-vous que les propriétaires d'aujourd'hui puissent les nettoyer et continuer à les entretenir avec un produit moitié moindre ? Et pourtant notre santé, notre vie est là ! Nous comptons beaucoup sur l'avenir, sur les efforts de la spéculation qui finira par voir que ces marais peuvent rapporter trois ou quatre fois plus qu'aujourd'hui, sur les secours du Gouvernement lui-même, qui trouvera profit pour le Trésor dans cette augmentation de valeur foncière et dans la diminution des journées d'hôpital que le fléau de l'insalubrité lui coûte chaque année.

Brouage fut, en 1793, désigné comme lieu de dépôt et de détention des prêtres, des religieuses et des suspects. Sous un climat aussi insalubre, ces malheureux, entassés dans des lieux insuffisants, éprouvèrent tous de cruelles souffrances, et un grand nombre succomba.

L'ancien magasin à vivres de Brouage est maintenant le dépôt d'une immense quantité de poudres (plus d'un million de kilogrammes). Ce qu'il y a de plus surprenant, c'est qu'au milieu de ces terrains marécageux, elles sont complétement exemptes d'humidité et d'une étonnante conservation. C'est sans doute aux dépôts de sables et de délestages sur lesquels la ville est bâtie qu'il faut attribuer ce phénomène. Nous ne pouvons que féliciter le Gouvernement du choix qu'il a fait de ce poste désert pour en faire un dépôt de poudres. Mais pourquoi faut-il ajouter qu'il n'a rien moins fallu qu'une explosion épouvantable de 18,900 kilogrammes, la mort de 15 personnes, les blessures graves d'un bien plus grand nombre, la ruine de tout un faubourg, et des désastres incalculables dans la ville même de Saint-Jean-d'Angély, pour l'avertir qu'il est toujours dangereux de conserver au sein des villes une grande quantité de matières explosibles ? Cet effroyable accident du 25 mai 1818 et les énergiques réclamations des habitants et des autorités décidèrent enfin le ministère à transférer ce dépôt à Brouage, et les moulins à poudre auprès d'Angoulême.

C'est au milieu de ces réflexions diverses, mais pénibles et mélancoliques, que nous cueillons, dans les rues herbeuses et désertes, le ***Malva niceensis***, et dans les fentes des murailles le ***Rhamnus Alaternus***. Le long de quelques maisons habitées, les propriétaires et locataires cultivent l'odorant *Chenopodium ambrosioides* L., lui donnent le nom de ***Thé vert***, et, à l'exemple des Mexicains qui en font un fréquent usage, ils s'en servent comme de thé.

Enfin, nous quittons Brouage, nous continuons de traverser, par mille circuits, les ***Marais-Gâts***, et bientôt notre œil se repose avec plaisir sur Marennes, célèbre par ses fèves de marais et plus encore par ses huîtres vertes, objet d'un commerce considérable, qu'on évalue à plus d'un million de francs par an. Cette petite ville, sur la rive droite de la ***Seudre***, se montre à nous sous le plus gracieux aspect. Bien bâtie, bien proprette, elle deviendrait une place beaucoup plus importante, si l'influence des ***Marais-Gâts*** ne s'y faisait cruellement sentir. Son église, construite dans de belles proportions, se fait aussi remarquer par son élégante propreté. Voulez-vous avoir un panorama magnifique, un horizon immense, mesurer d'un coup d'œil ces vastes ***Marais-Gâts*** que je peignais tout-à-l'heure comme foyer toujours subsistant de maladies cruelles? Franchissez plus de 290 marches, montez aux galeries de son *clocher à jour* regardé comme un chef-d'œuvre d'architecture ogivale du XIV.e siècle. Le sommet de ce clocher est à 85 mètres au-dessus des hautes mers d'équinoxe. C'est sur ces galeries qu'à notre retour d'Oleron nous cueillons le *Juncus Gerardi* Loisel., plante *possible* du Catalogue.

Le port de Marennes n'est pas dans l'enceinte de la ville; il en est éloigné d'environ 1,200 mètres. C'est sur les bords du canal, qui communique avec la Seudre, que nous arrachions, au clair de la lune, l'*Atriplex littoralis.* Mais n'anticipons pas.

De Marennes, nous allons nous embarquer à la *pointe du Chapus*, pour passer dans l'île d'Oleron : 3 kilomètres 1/2 de distance.

La longueur de l'île d'Oleron est de 16 kilomètres, sa plus grande largeur de 8, et sa circonférence de 36 (1). Elle se divise en six communes. De Château à Saint-Denis, on compte 16 kilomètres, à Saint-Georges 12, à Saint-Pierre 8, à Saint-Trojan 4, et à Dolus 4. C'est ainsi, du moins, qu'un tableau manuscrit, encadré et suspendu dans le salon de l'*hôtel du Cheval-Blanc*, au Château, nous don-

(1) La *Statistique de la Charente-Inférieure* lui donne 3 myriamètres de long, 1 myriamètre dans sa plus grande largeur, prise de la pointe des Saumonards à la Cotinière, et 35,200 toises ou 14 lieues communes de circonférence; — L'*Encyclopédie nouvelle* de P. Leroux et Reynaud, 1837, lui accorde 6 lieues de long et 16 de circonférence.

nait par avance une connaissance précise et la statistique de l'île que nous allions examiner. Voilà du progrès, une bonne idée qui initie le voyageur aux curiosités du pays; mais avouons aussi que nous ne l'avons trouvée mise en pratique que là.

Le 29 août, commence la plus fatigante, mais aussi la plus fructueuse pérégrination dans l'île. Mon aimable et savant compagnon, qui connaissait les us et coutumes de la localité, avait eu, la veille, la précaution de se procurer au Château, auprès de l'autorité compétente, un permis de traverser les semis et plantations de pins. Munis de cette pièce précieuse, et sans autre guide qu'une boussole, dès 6 heures du matin, nous nous dirigeons dans le Sud. La première plante qui se présente à nos regards sur le glacis des fortifications en sortant du Château, c'est le *Momordica Elaterium*, qui y est très-commun. — Les marais salants nous offrent entre autres plantes : *Statice Limonium* et *S. lychnidifolia* De Girard! plante nouvelle pour le catalogue, et *Artemisia maritima* Willd. et *A. Gallica* Willd. inscrite comme plante *possible* au catalogue. Ces deux espèces d'armoises étaient réunies sous le nom d'*A. maritima* par Linné. M. Lesson leur a fait reprendre dans la *Flore rochefortine*, 1835, leur ancien nom d'*A. Santonica* Lesson! (Non L.! omis au Prod. de DC., encore moins Sievers *ex* Steudel.) « Pendant plusieurs siècles, l'absinthe (*A. maritima*), dont » l'Aunis et la Saintonge sont comme la patrie, pour me » servir des expressions du père Arcère, dit M. Faye (1), a

(1) Note sur les Progrès de l'Étude de la Botanique dans le dé-

» composé, à elle seule, pour ainsi dire, la Flore sainton- » geoise. Les plus savants médecins de la Grèce et de » Rome, dit Poiret, ont célébré ses vertus, et le temps n'a » fait qu'accroître son ancienne renommée; aussi ne lui » donnaient-ils, ajoute M. Lesson, que le nom de la pro- » vince, comme si elle en était le produit qu'ils estimassent » le plus (1). Tournefort et Linnée ont appelé *Santonica*

---

partement de la Charente-Inférieure, page 3. Poitiers, autographie de Pichot, janvier 1846.

(1) Dioscoride, lib. 3, c. 28, et Matth. in Dioscor. page 687, édit. Venetiis, 1565 : *Tertium genus absinthio assignatur quo Gallia alpibus finitima scatet. Id patrio nomine* Santonicum *vocant, regionis in quâ nascitur cognomento.* — Pline, lib. 27. c. 7 : Santonicum *appellatur à Galliæ civitate.* C'est donc bien à tort que M. Fée prétend que c'est l'*A. Santonica* L. dans sa note 45 de l'édit. de Pline, par Panckoucke 1833. — Columelle, lib. 6. c. 25. — Galien, *De simp. medicament. facultatibus.* VI. page 147. — Et le poète Martial lui-même, lib. 9. Epigr. 95 : *Santonicâ medicata dedit mihi pocula virgâ.* — Consultez, en outre, dit M. Faye, le livre de J. Bauhin, intitulé *De plantis absinthii nomen habentibus, etc.* Montisbelgardi, 1593 et le *Tractatus de absinthiis* de Claude Rocard, qui s'y trouve joint. Je termine ces longues citations en invoquant, d'après M. Faye, l'autorité du *premier potier français*, Bernard de Palissy, dans sa *Recepte véritable* 1563 : *On y cueille de l'absinthe appelée* Xaintonnique, *à cause du pays de Xaintonge. Ladite herbe a telle vertu que quand on la fait bouillir, et prenant de la décoction on en détrempe de farine pour en faire des bignetz fricassez en sein* (graisse) *de porc ou en beurre, que l'on mange lesdits bignetz, ils chassent et mettent hors, tous les vers qui sont dans le corps... auparavant que j'eusse connaissance de ladite chose, les vers m'ont faict mourir six enfants.*

» une absinthe qui ne croît pas dans la Saintonge ; mais les » habitants protestent encore dans cette province, conti- » nue toujours M. Faye, et pour eux notre plante est toujours » la *Santonique* des Romains, ou, par corruption, *San-* » *guenite.* »

En nous rapprochant des dunes, dans des espèces de jardins couverts de choux, de haricots, etc., nous rencontrons: *Xanthium strumarium* très-commun, *Ornithopus compressus*, *Tribulus terrestris*, et *Chenopodium Scoparia*. La multitude et la rigidité des rameaux de cette espèce non odorante la rend propre à faire des balais ; aussi est-ce dans ce but qu'on la cultive ; — le long des ruisseaux qui arrosent ces jardins : *Helosciadium nodiflorum B. ochreatum* DC., nouveauté pour le Catalogue ; — le long des dunes, en allant vers Saint-Trojan, qui est la partie la plus méridionale de l'île : *Lotus crassifolius* Pers. (*L. corniculatus A. arvensis* des bords de la mer Lloyd!), *Centaurea aspera* très-commune, *Calamagrostis arenaria*, *Helichrysum Stœchas*, et *Cenomyce damœcornis*, nouveauté pour le Catalogue.

Les dunes qui nourrissent ces végétaux ont une pente douce du côté de l'Océan ; mais, du côté des terres, elle est rapide et presque à pic. Elles couvrent de plus une surface immense (plus de 1,100 hectares sur 1,546) dans la seule commune de Saint-Trojan. Comme à Escoublac, dans notre Loire-Inférieure, le sable poussé par les vagues sur le rivage et séché par le soleil est emporté par les vents de S.-E. et de S.-O. et s'amoncelle sans cesse. Ces monticules prennent toutes les formes, et ces inégalités figurent assez bien les ondulations énormes d'une mer agitée dont les vagues se seraient solidifiées subitement. Ces collines s'avancent lentement, mais toujours, et envahissent les terres et jusqu'aux marais salants. A Escoublac du moins elles se sont arrêtées sur le bord d'un petit ruisseau, sans le franchir, parce que, dans sa course incessante, il reporte à la mer les grains de sable que les vents ont précipités dans son lit, et qu'ils lui rapporteront bientôt. M. De Frenilly avait déjà remarqué que c'est à cette faible barrière que le nouveau bourg doit d'être préservé d'une nouvelle irruption. Aussi conseillait-il, comme nous l'apprend l'un des célèbres enfants de l'île de Noirmoutier, de creuser dans la portion voisine un canal dans lequel on eût introduit l'eau de mer. Le mouvement des marées serait appliqué ainsi aux travaux hydrauliques, et la mer serait l'agent dont on se servirait contre elle-même (1).

L'ancien bourg de Saint-Trojan, son église, son clocher ont disparu sous les énormes dunes dont je parlais tout à l'heure, et le nouveau chef-lieu est encore menacé du même sort. N'est-ce pas là l'histoire de la destruction de l'ancien bourg d'Escoublac, il y a 70 ans?

Je ne sais si, à Saint-Trojan, *un ouragan terrible engloutit dans une nuit*, *sous un déluge de sable*, le village et ses habitants, comme se plaît à le dire, d'une bourgade près de Saint-Pol-de-Léon, M. Adolphe Trébuchet (2). Des auteurs, il est vrai, ont raconté de la même

---

(1) *Voyage de Nantes à Guérande*, par M. Ed. Richer. 1823. Nantes, in-4°.

(2) *Lycée Armoricain*, t. 1. page 256. Nantes 1823. Mais le texte de Buffon (t. 3, page 143. Edit. Sonnini) sur lequel il s'appuie, paraît prêter beaucoup moins à l'imagination. J'ai été témoin d'un

manière l'événement qui a forcé les habitants d'Escoublac à quitter leur domicile pour en choisir un nouveau ; mais le récit des vieillards du pays est beaucoup moins dramatique. Ils ont vu leurs champs riants et féconds se changer successivement en une plaine aride et brûlante. Les obstacles que leur industrie avait imaginés pour s'opposer aux empiétements journaliers de l'ennemi ont été peu à peu franchis ; bientôt il a fallu chaque matin employer la pelle pour se frayer une sortie à la porte obstruée, ensuite déblayer les rues à l'aide de la brouette, et ces travaux quotidiens sont devenus plus pénibles de jour en jour. L'habitant, découragé, nous dit Ed. Richer dans son style facile et élégant, a laissé enfin ensevelir le seuil qu'il avait tant de peine à défendre, et tournant des yeux humides sur ces murs qui l'avaient vu naître, et qui lui retraçaient, avec le souvenir de ses aïeux, les joies si pures de l'enfance, il s'est décidé à les abandonner. Chaque jour, il est revenu sous ces toits déserts, enlevant chaque portion de l'héritage paternel ; les nouvelles maisons se sont élevées avec les débris des anciennes; le sable a con-

---

de ces magnifiques ouragans, le 15 septembre 1840. Je me trouvais près du bourg de Batz. Les sables soulevés par les vents en furie obscurcissaient l'air comme eût fait un brouillard épais, et dérobaient à mes yeux les habitations et la belle tour, juste sujet d'orgueil pour ce pays. Les grains soulevés tombaient à mes pieds, volaient au-dessus de ma tête à la hauteur peut-être de 10 à 15 mètres, me frappaient la figure avec force, et firent en quelques heures disparaître sous une couche de plus d'un pouce d'épaisseur les cailloux de la grande route nouvellement macadamisée. Mais il y a loin de là à un ensablement de village.

tinué de recouvrir un espace qui ne lui était plus disputé, et qui ne conserve pas même aujourd'hui la trace de ce qu'il renfermait jadis (1). Les dernières ramifications du grand orme ont elles-mêmes disparu depuis une dizaine d'années. Il était un de ceux qui entouraient le cimetière. C'était l'emblême du deuil qui seul était resté debout au milieu de ces ruines. Il y a une vingtaine d'années, la flèche du clocher se voyait encore : « Elle était, dit » Ed. Richer, à côté de l'arbre qu'elle avait vu naître » comme une pyramide sanctifiée sur le champ de la mort, » mais elle a subi le sort des habitations ensevelies dont » elle indiquait la place, et rien ne dit plus au voyageur » que des hommes aient vécu dans ces lieux. »

A Escoublac, depuis plusieurs années, les vents ont complétement balayé des dunes, et les habitants se sont hâtés de planter des vignes, et la culture de reprendre ses droits sur un sol si longtemps usurpé. A la suite des tempêtes, quelques pans de murailles apparaissent pour disparaître encore. Plus tard peut-être, comme à Notre-Dame de Buze, les vents découvriront-ils le clocher qu'ils ont englouti et même l'église, dernier asile que les habitants d'Escoublac cessèrent, en 1779, de fréquenter. La première pierre de leur église actuelle fut posée en 1785.

L'administration de Saint-Trojan s'occupe avec beaucoup de soins à prévenir de nouveaux désastres en fixant la mobilité des sables par des plantations de *Tamarix* et de *Pins*. Feu M. Donatien De Sesmaisons, à Escoublac, s'est

(1) Voyage de Nantes à Guérande, in-4.°, page 56.

servi des mêmes moyens sur une bien petite échelle et a obtenu toutefois de bons résultats. A Saint-Trojan, c'est une vaste forêt de pins maritimes, croissant et sur le sommet escarpé des dunes et dans les vallées souvent aussi arides que les crêtes. Çà et là nous rencontrions des clairières, des petits marais d'eau douce formés par les eaux pluviales, quelques-uns à peine desséchés.

Les dunes élevées étaient complétement stériles pour nous : sous les pins, presque toute autre végétation avait disparu ; les *éternelles* ou *immortelles* même (*Helichrysum Stœchas*) étaient étouffées. — Nous devons dire la même chose des dunes ensemencées depuis peu d'années et encore recouvertes de pins entiers abattus dans un triple but : favoriser la germination et l'accroissement des semis ; fournir, par leur décomposition, quelques principes nutritifs de plus ; et surtout empêcher les sables d'être emportés par les vents. C'est pour prévenir tout dégât et pour ôter la tentation de recueillir ces abattis dans un pays si pauvre en bois, qu'il est défendu de circuler dans ces semis sans permission du chef qui réside au Château. — Mais, dans les cavités d'eau douce, et sur leurs bords, la végétation était assez variée. Dans un de ces petits marais, nous avons reconnu : *Sonchus maritimus*, *Inula dysenterica*, *Salix repens* et *S. cinerea*, *Epipactis palustris*, *Ranunculus flammula*, *Carex Œderi*, *Teucrium Scordium*, *Typha angustifolia*, *Thrincia hirta*, et *Scirpus Savii* Sebast., Mutel, fig. 568. (*S. filiformis* Savi; *Isolepsis Saviana* Rœmer et Schultes), plante nouvelle pour le catalogue. On a dû le confondre avec le *S. setaceus*; mais il s'en distinguera toujours par les achènes trigones-globuleux, lisses, très-finement ponctués à une forte loupe, tandis que le *S. setaceus* a sur ses achènes trigones des stries longitudinales très-marquées.

Au bourg de Saint-Trojan même, les dunes sont bordées du *Cistus salvifolius.* Tout autour des aires à battre le grain pullulent le *Tribulus terrestris*, le *Plantago arenaria* et le *Centaurea aspera.*

En sortant du bourg de Saint-Trojan, nous nous enfonçons de nouveau au milieu des pins, et nous nous dirigeons vers l'ouest. Bientôt nous pénétrons dans un vaste bois de chênes verts (le bois d'Avail). Nous le traversons à regret à la hâte, car il doit être riche; mais le temps presse, il est déjà 2 heures après-midi, et les villages ne nous apparaissent encore que dans le lointain. L'*Osyris alba*, avec ses baies rouge-cerise, et le *Cistus salvifolius* avec ses capsules sèches, y sont très-communs. Le *Daphne Gnidium*, plus connu sous le nom de *sain-bois*, présente presque partout ses bouquets de feuilles ornés au sommet de quelques fleurs et de fruits jaunâtres. Sous les galeries si pittoresques de La Rochelle, j'avais déjà remarqué, comme objet de commerce, les tiges feuillées de cette plante tenues fraîches dans un vase plein d'eau, comme le sont chez nous les feuilles de lierre, et destinées à faire des exutoires. Sur le bord du chemin paraît l'*Ornithopus compressus*, — dans les dunes. l'*Ephedra distachya*, l'*Allium sphœrocephalum*, peut-être aussi l'*A. roseum*, mais il nous était impossible de reconnaître des caractères sûrs dans l'état avancé où se trouvait cette plante. Le désir d'en posséder au moins les ognons ou bulbes amena la découverte d'une *synanthérée*, mentionnée d'abord comme *possible*, surtout dans le midi du département, mais indiquée depuis à Boyardville; je veux parler de l'*Ætheorhiza bulbosa* Cass., DC., Prodr. VII, page 160, (*Prenanthes bulbosa* DC., *Crepis* — Tausch), figuré dans le vieux Clusius, hist. 2, p. 145, fig. 2. Ses jeunes feuilles, qui commençaient à sortir, et les longues fibres de la racine terminées par un tubercule, ne laissaient aucun doute sur l'exactitude de notre détermination. Le *Medicago littoralis* étalait sur le sable ses longs rameaux fructifiés.

Enfin, nous touchons au village de la Bénijasse, que nous apercevons depuis longtemps. Depuis près de sept heures, tantôt nous foulons une plaine de sable mouvant, tantôt nous gravissons des collines dont le sol fugitif se retire sous nos pieds sans pouvoir leur offrir l'appui complaisant de quelque plante pour escalader sa pente verticale ; l'atmosphère est de plus en plus embrasé, aucune brise ne vient rafraîchir cette couche, à laquelle les rayons solaires donnent plus de 25 degrés de chaleur ; nous sommes harassés de fatigues, tourmentés par une soif dévorante, que quelques grappes détachées de quelques ceps de vigne jetés çà et là pour essai dans les pins n'ont pu étancher. Nous n'avons pas voulu nous charger de provisions de bouche, mais il est clair que, dans ce hameau, nous trouverons au moins un modeste repas, le botaniste sait si bien se contenter de peu! A la bonne heure ; mais, pour saisir le modeste repas, il fallait au moins rencontrer une modeste bienveillance. Est-ce inhospitalité des habitants, est-ce singularité suspecte de nos personnes? nous ne trouvâmes d'abord qu'insensibilité. Des femmes, occupées ensemble à filer leurs quenouilles à l'ombre de leurs pignons nous avaient observés et s'étaient bien vite communiqué leurs soupçons. Cet homme revêtu d'une soutane, mais qui porte sous son bras un énorme carton et s'arrête à chaque instant pour y cacher, on ne sait dans quel but mystérieux, des herbes qu'il arrache avec avidité, oh! certes, ce n'est pas un prêtre, ce ne peut être qu'un insurgé déguisé. Et cet autre, coiffé d'une casquette de garde national, couvert d'une blouse noire, chargé d'une grosse boîte de ferblanc qu'il remplit aussi lui d'herbes, qu'est-ce encore? Rien de bon, sans doute; un échappé de Paris, un insurgé déguisé. — Sous une telle impression, notre accueil à la Bénijasse devait être au moins très-froid; il le fut. Il pouvait même nous arriver pis, car trois ouvriers, se dirigeant sur La Rochelle, pris aussi pour des insurgés de juin évadés de Paris, avaient été sur le point d'être massacrés par des femmes, dans une petite bourgade du continent. A la Bénijasse, pas d'auberges; nul étranger ne se hasarde sur cette rive; les naufragés seuls, poussés par la tempête, viennent s'y perdre. Nous demandons, en payant, un peu de pain, on nous en refuse; j'en demande au moins au nom de la charité, pas de réponse. Les pélerins de la science couraient grand risque de dîner, comme l'on dit, par cœur, et le soir de coucher au milieu des sables, à la belle étoile. Heureusement, les commères n'avaient pas été seules à nous observer; le chef garde-côte, M. Méchain, nous avait aussi aperçus. L'accomplissement d'un devoir lui fournit l'occasion de connaître nos titres, d'apprécier nos recommandations et le but de notre voyage. Nous fûmes heureux de trouver en lui la politesse d'un homme instruit et la complaisance d'un ami de la science. Grâces à lui, les craintes que nous avions inspirées furent dissipées, et nous pûmes alors rencontrer un petit dîner; il fut excellent, l'appétit l'assaisonnait. C'est encore à M. Méchain que nous devons d'avoir été admis à coucher le soir même à *la Cotinière*, et le lendemain à dîner à *Domino*. Pauvres botanistes, qui voyagez sur cette côte sauvage, calculez vos distances, prenez bien vos mesures, n'errez pas à l'aventure au milieu de ces dunes, ne vous hasardez pas sans biscuit dans ces villages, *surtout après une insurrection*, à moins d'y trouver encore un homme aimable comme M. Méchain, car vous n'y rencontreriez pas même le repas des botanistes chanté par Delille:

Le laitage, les œufs, l'abricot, la cerise,
Et la fraise des bois que leurs mains ont conquise.

Avant d'arriver à la Cotinière, nous cueillons sur la plage, à la lueur des derniers rayons du jour, le *Polygonum maritimum* et l'*Atriplex rosea*.

C'est à la Cotinière, le 30 au matin, que M. Méchain, faisant à cheval sa tournée officielle, se fit un plaisir de transporter nos récoltes à Domino. Il nous indiqua les différents marais qu'un botaniste pouvait visiter avec intérêt, et nous donna les noms vulgaires de toutes les plantes qui frappèrent alors nos yeux. Qu'il me soit permis de rejeter à la fin de cette *seconde excursion* cette longue nomenclature de termes usités sur cette côte. Ce genre d'observations a bien aussi son mérite; et, maintes fois, pour abréger ou pour diriger mes recherches, j'ai eu recours avec fruit au Dictionnaire manuscrit d'un naturaliste dont tous les vrais amis de la science, à Nantes, regrettent l'absence. M. Desvaux, qui fut mon premier maître et sut si bien seconder mon goût pour ses études favorites, avait, dès 1810, senti toute l'importance d'un pareil travail. Je viens de prononcer un nom qui m'est cher, et je ne puis m'empêcher de proclamer bien haut que jamais les botanistes de Nantes n'oublieront les délicieuses réunions de chaque lundi chez M. Desvaux, réunions qui ont tant contribué à allumer, entretenir ou exciter en eux le *feu sacré*. Ils se plaisent à se rappeler avec reconnaissance ces discussions pleines d'intérêt, cet accueil le plus obligeant, cette complaisance infatigable à mettre à notre disposition le vaste trésor de ses observations personnelles et de ses connaissances, son riche herbier et sa magnifique bibliothèque. Son départ laisse au milieu de nous un vide immense, et cela de l'aveu de tous les botanistes nantais.

En sortant de la Cotinière se présentent à nous, dans les champs et dans les vignes : *Tribulus terrestris*; — sur le bord de la côte : *Scolymus hispanicus*, *Cynanchum monspeliacum* grimpant au milieu des *Tamarix*; — dans le marais de Pulante : *Sonchus maritimus*; — dans les vignes : *Diplotaxis viminea*, *Myosotis Lappula*; — dans les champs : *Lepidium Smithii*, Hooker (*L. heterophyllum* Bentham, Guépin ; *L.* — *B. canescens*, Godron, Fl. de Fr. ; *Thlaspi heterophyllum*, DC. Fl. fr. ; Duby ; DC. Prodr.), plante nouvelle pour le Catalogue, et *Delphinium Ajacis*. Nous avions aussi remarqué ce *Pied d'alouette* dans les champs entre Marennes et Brouage.

Sur la grande route de Saint-Denis, parmi les pierres de macadamisage : deux larges pieds de *Scorpiurus subvillosa* en fleurs et en fruits, genre nouveau pour le Catalogue ; *Trifolium angustifolium*; — dans les vignes : *Falcaria Rivini*, *Heliotropium europæum*, *Medicago denticulata* Willd., et *Physalis Alkekengi.* M. Lesson nous apprend que les habitants de ces campagnes colorent leur beurre avec le fruit de cette solanée; chez nous, les laitières ont recours au suc de la carotte, petite fraude, du reste, bien innocente.

Nous ne pouvions passer à Saint-Denis, sans aller voir la curiosité du lieu, le phare de Chassiron, construit en 1834, à côté de la vieille tour, pour indiquer aux navigateurs l'entrée du Pertuis d'Antioche, qui sépare l'île de Ré de l'île d'Oleron, et signaler ces fameux écueils d'Antioche. Il se trouve à 50 mètres 50 centimètres au-dessus des plus grandes marées d'équinoxe ,et s'aperçoit à 10 lieues.

Auprès du Port, nous vîmes, le 31 août, le *Chenopodium Vulvaria,* le *Polygonum maritimum*, le *Malva niceensis*, le *Tribulus terrestris* et le *Sambucus Ebulus.*

Une visite à la citadelle de Château amène la découverte du *Lavatera arborea,* genre nouveau pour le Catalogue. Il croissait au milieu de nombreux *Diplotaxis tenuifolia.* Les rameaux de cette crucifère, garnis de leurs siliques mûres, sont, à l'*hôtel du Cheval-Blanc,* suspendus dans les cages et servent, comme dans nos maisons du Croisic, à nourrir les serins et autres petits oiseaux de volière.

Enfin nous quittons Oleron, riches de huit plantes à ajouter avec certitude à la Flore départementale. Mon compagnon s'arrête à Rochefort pour assister au banquet donné le 3 septembre par les gardes nationaux de cette place à leurs camarades de La Rochelle. Les hôtels et toutes les maisons regorgent de curieux ; tous les moyens de transport sont mis en usage, les routes sont couvertes de véhicules en tous genres, et Callot y trouverait plus d'un de ses thêmes favoris. 15,000 étrangers sont accourus à cette fête. Je continue ma route et j'arrive à Surgères,

> *Où* le soir dans l'herbier dont les feuilles sont prêtes
> *Je m'en vais* en triomphe apporter *nos* conquêtes.

Le 5 septembre, je retourne à Rochefort. Le bateau à vapeur de Saintes, encore surchargé de passagers venus au brillant festival, remonte doucement cette *Charente* qu'Henri IV appellait *le plus beau fossé de son royaume.* Elle coule vaseuse au milieu de vastes prairies qu'ornait alors le colchique d'automne de ses fleurs d'un lilas-clair. Cette plante est la *vieilleresse* du pays, parce qu'elle annonce aux villageois le retour des *veillées.* Les rives de la Charente sont monotones jusqu'à Saint-Savinien, si vanté pour ses belles pierres de taille ; mais aussi, de là jusqu'à Saintes, sur une longueur de 22 kilomètres, les prairies s'étendent entre une double ligne de coteaux couverts de bois et dominés par des villages pittoresques ou par des ruines d'anciens châteaux. Vous oubliez alors l'ennui des premières heures de la traversée. Ces riants paysages se succèdent avec la plus agréable variété, et les souvenirs historiques du pont de Taillebourg, du village de Saint-James, etc., occupent votre esprit, tandis que la marche du bateau vous ravit l'espoir de découvrir quelque plante.

On pêchait autrefois dans la Charente et devant Saint-Savinien des perles qui étaient renfermées dans les coquilles des *palourdes* (mulète sinueuse?) qu'on trouvait à demi enfoncées dans le sable. La modicité des profits a fait abandonner cette pêche vers le commencement du XVIII.[e] siècle.

Le 6 et le 7 j'explore les bois entre Nancras et Sablanceaux. Dans la partie la plus basse, à l'ombre des gros chênes, au milieu des vignes sauvages (*Vitis labrusca* Tournef.), je cueille : *Salix cinerea*, *Cardamine impatiens* indiqué comme rare, et *Lotus major* Scop.; — dans la partie la plus élevée : *Globularia vulgaris*, *Inula montana*, *Geranium sanguineum*, *Teucrium montanum* et *T. Chamædrys*, *Hippocrepis comosa*; — dans les vignes : *Sideritis romana*, genre nouveau à introduire dans le Catalogue, *Ononis natrix*, *Filago germanica* et *F. Jussiæi*, *Festuca ciliata* DC. (F. Myuros L.); — sur le monceau de ruines qui touche la partie détruite de la nef de l'église de Sablanceaux ou Sablonceaux : *Cynoglossum officinale* avec ses carpelles applatis entourés d'un rebord saillant, et *C. pictum* Ait. aux carpelles convexes sans rebords, caractères bien saillants dont M. Lesson ne dit mot ; — dans les champs qui avoisinent Nancras : *Stellera passerina*, *Petroselinum segetum* et *Delphinium Ajacis*.

Je devais une visite à l'honorable M. Mutel-Lemoyne, qui m'avait fourni, l'année dernière, l'occasion de proclamer bien haut les services rendus à l'agriculture par nos oiseaux de proie et l'inconséquence de quelques arrêtés préfectoraux. Qu'il me soit permis de raconter en passant un trait d'amour maternel qui honore encore ces oiseaux, que le vulgaire ignorant s'obstine à regarder comme des oiseaux funèbres et des messagers de la mort. Une petite cresserelle, en prenant ses ébats dans son nid, tombe du clocher dans le jardin de M. Lemoyne. Son jeune enfant, témoin de la chute, court s'emparer de l'oisillon, lui coupe les plumes d'une aile et le retient ainsi prisonnier dans cette enceinte.

Inutile de vous dépeindre les cris réciproques de la mère et de sa progéniture. Ce pauvre petit, trop jeune pour se suffire à lui-même, ne peut plus recevoir sa pâture au milieu de ses 3 ou 4 frères plus à l'aise dans leur nid. Sera-t-il abandonné, exposé à mourir de faim ? Ne le pensez pas. Du haut du clocher, chaque jour et plusieurs fois par jour, sa mère planera au-dessus de sa tête, et, sans craindre la présence du petit garçon, lui jettera une nourriture convenable : voilà l'amour maternel. Mais ce repas se composera de souris, de mulots (1), de reptiles que la mère aura pris la précaution de tuer : voilà l'apologie de ces rapaces au point de vue agricole, et la réfutation complète des idées erronées que je signalais dans ma *première excursion botanique* de l'année dernière.

Le 8, un élève de l'institution de Pons, M. Labbé, me dirige vers Sainte Gemme, près Nancras. Ma récolte

---

(1) Il y a quelques années, je voyais depuis plusieurs jours, le soir, m'écrit M. Mutel-Lemoyne, les effraies de la tour passer et repasser sans cesse sur un champ couvert de trèfle de Hollande, sans pouvoir me rendre compte de leurs allées et venues continuelles. Quelques jours après, nous coupâmes le trèfle, et il ne me fut pas difficile de voir qu'il avait été envahi par une multitude de rats à queue courte. Je reconnus alors le motif des excursions de mes rapaces. Le trèfle coupé le matin fut mis en tas dans le jour, et le soir je restai sur la lisière du terrain pour voir travailler les effraies. Elles ne manquèrent pas, en effet, d'arriver, et je les vis prendre une quantité de ces rats qu'elles avalaient à l'instant, et retournaient de suite en chercher d'autres qui avaient le même sort. Ces oiseaux travaillèrent si bien que 3 ou 4 jours après il n'existait pas un seul de ces animaux destructeurs.

se borne aux plantes suivantes : *Borrera chrysophthalma* Achar. (Physcia — DC.) prise sur des pommiers. Malgré le ? du Catalogue, je me plais à dire que je l'ai vu d'origine rochelaise dans l'herbier de M. d'Orbigny père; je le trouve même cité et bien décrit dans M. Lesson, qui déclare l'avoir trouvé dès 1821, à Saint-Hilaire, sur les écorces de chênes. J'avoue que je ne l'ai jamais remarqué que sur les arbres de la tribu des pomacées; mais M. Renou, de Caen, l'a cueilli, chez nous, dans les vignes de Châteauthébaud, sur les vieux pêchers (1). *Juncus glaucus, Polycnemum arvense, Salix cinerea* et *S. rufinervis,* quatre plantes inscrites comme *possibles* au Catalogue; *Calamagrostis epigeios*, *Quercus pubescens*, *Polycarpon tetraphyllum*, *Potentilla verna.* Si je cite le *Carthamus lanatus*, c'est que les tiges de cette composée servent, à Nancras, à supporter les quenouillées de laine que les petites bergères filent en gardant leurs troupeaux.

Une course dans les environs de la Maçonne, propriété de M. Chauvet, sur le bord des *Marais-Gâts*, avec MM. Labbé, Tony de Poutier et le médecin Berthaud, ne nous offrit que trois plantes intéressantes pour la Flore rochelaise : *Juncus glaucus, Salix cinerea* et *Scirpus Savii* Sebast. J'y vis aussi le *Myosotis intermedia*, le *Cyperus fuscus* et le *Lappa minor.*

De la Maçonne, nous n'étions qu'à quelques kilomètres

---

(1) Dans la Saintonge, les pêches dont le sarcocarpe tomenteux est adhérent au noyau s'appellent *persé*, *un perset;* celles où le noyau se détache conservent le nom de *pêches.*

de la fameuse *Tour de Broue.* Nous franchissons des douves pleines d'eau douce où paissent des tortues, nous foulons aux pieds les anciens marais salants à moitié comblés où croissent encore le *Statice Limonium* et le *Triglochin maritimum* (la faulx a coupé le reste), et nous arrivons à cette langue de terre qui domine tous les alentours; nous escaladons ce promontoire qui s'élève presque à pic et devait alors dominer de plus de 30 mètres ce golfe devenu depuis *Platin de Brouage*, par la retraite de la mer. C'est sur ce sommet que s'élève la Tour de Broue, dont les ruines ont peut-être encore 15 mètres d'élévation. A ses pieds venaient s'amarrer les navires, et en 1620, on y en construisait de 40 tonneaux. Des remparts, des fossés à demi-comblés, attestent l'importance de ce château. N'est-ce pas là, du reste, qu'en 1372, les Anglais, chassés de Surgères et fuyant les armes victorieuses de Duguesclin, vinrent chercher un asile? L'ouvrage le mieux conservé, c'est la tour ou plutôt son pan occidental et deux fractions des pans latéraux, car elle était carrée et devait servir à la défense de l'entrée du port et à la transmission des signaux. Un lierre magnifique, au tronc de 30 centimètres de diamètre, s'élève du côté extérieur sud, et sa tête, en s'élargissant, ombrage même le sommet de la partie ouest. A la partie inférieure de la façade encore entière, la main des hommes a détaché des pierres et percé un trou circulaire d'un diamètre suffisant pour laisser se glisser une personne à la fois. C'est le fameux *Trou de la Mariée*, aussi renommé parmi le peuple dans le pays que *Vannes et sa femme* dans le chef-lieu du Morbihan, ou que la *Pierre nantaise*, autrefois chez nous. Les deux ou trois maisons qui avoisinent ces ruines et les débris d'une église sont elles-mêmes bien loin d'annoncer l'aisance : l'insalubrité du pays décime ces malheureux. Dans les champs qui recouvrent les anciennes maisons, pullulent l'*Artemisia Absinthium*, le *Sambucus Ebulus* et la *Saponaria officinalis* à fleurs doubles. J'ai vu employer avec avantage la décoction de cette caryophyllée. Elle donne une eau qui mousse comme celle de savon, et lui communique une sorte de mucilage très-propre à blanchir les dentelles, décruer les soies et nettoyer les étoffes de laine. C'est le savon du pauvre, et les teinturiers de La Rochelle ne le dédaignent pas. Les anciens, qui avaient nommé cette plante, l'employaient aussi à cet usage.

Cette langue de terre, qui soutient la *Tour de Broue* et les quelques pauvres maisons dont je parlais tout à l'heure, est l'objet d'une exploitation souterraine. On y pratique des galeries et on y rencontre, au milieu des sables, de puissants filons d'une argile blanche, très-fine, très-compacte, recherchée pour creusets et pour les manufactures de savon. Je ne l'appellerai pas *marne* avec les auteurs de la *France pittoresque* et du *Guide pittoresque du voyageur en France*, car elle contient à peine des traces de chaux, ainsi que le prouve une analyse consciencieuse que M. Moride a bien voulu exécuter à ma prière. Le résultat de ce travail indique comme composition de cette argile :

Humidité normale, 2,85 pour %.

A l'état sec :

Alumine	72,8
Carbonate calcique	2,0
Oxyde ferreux	0,6
Acide silicique	23,5
Traces de magnésie et perte	1,1
	100,0

Dans l'exploitation, les ouvriers ont bien soin de rejeter toutes les parties d'argile où l'oxyde ferrique est apparent, parce que moins l'argile contient de cet oxyde, plus il est recherché.

Avant de quitter Nancras, je cueille encore : *Malva nicœensis*, *Jungermannia pinguis*, *Lemna trisulca*, *Chenopodium opulifolium* et *Borrera chrysophthalma*.

Le 12, j'arrive à Saintes, sur la rive gauche de la Charente. Capitale de la Saintonge, cette ville est riche en monuments de toutes sortes et en souvenirs historiques. Je ne pouvais me dispenser de visiter ses *arènes*. Le monument, par lui-même, méritait un moment d'attention, et puis n'avais-je pas l'espoir de rencontrer quelques plantes rudérales sur ces antiques ruines de la civilisation romaine ? Le hasard amène sur mon chemin un complaisant cicerone, qui s'offre de me conduire, et surtout se propose de me donner les renseignements les plus précis, me dit-il, les plus exacts, sur la disposition et les usages des différentes parties de ce monument ; c'est, ajoute-t-il, de tous ceux de Saintes, celui que je connais le mieux et que j'ai le plus étudié, après l'arc de triomphe et la crypte de Saint-Eutrope. Jugez de ma joie, je me crois entre les mains d'un des archéologues de la ville les plus éminents; mais comprenez aussi mon désappointement et mon embarras, quand je l'entends m'affirmer avec un sang-froid et un à-plomb imperturbables (qualités éminentes chez lui, je me plais à le reconnaître), que, du temps de César, l'inquisition était venue établir ses assises à Saintes, et que c'était dans ses caveaux qu'elle torturait ses victimes. Je le regarde stupéfait, je veux me permettre une observation ; mais mon guide, sans daigner m'écouter, continue toujours et me jure que c'est bien là encore que Robespierre est venu commander un massacre de Rochelais. A peine si je puis placer une parole. Il fallut me résigner, j'étais, comme Horace, entre les mains d'un importun :

> Quem verò arripuit tenet occiditque *loquendo*
> Non missura cutem nisi plena cruoris hirudo.

L'auteur de Gil Blas, à ma place, se fut bientôt tiré d'affaire ; en remettant dans sa poche son cornet acoustique, il eût défié mon homme de l'ennuyer. Je le payai pour se taire ; mais, par gratitude, avec quelle éloquence et quel flux de paroles il flagellait l'histoire et la chronologie ! J'étais grimpé sur le sommet de ces ruines, occupé de plantes, et je l'entendais encore me parler de *Vomitoria* et de République, de César et d'inquisition, de Turenne et de Robespierre. Dieu vous garde d'un tel cicerone. Non, non, il ne fut jamais le collègue d'un Moreau ou d'un abbé Lacurie, dont je regrettais alors doublement l'absence. J'emporte, comme souvenir, la *Scabiosa Columbaria*, le *Seseli montanum* et le *Nostoc commune*.

Je me rapprochai ensuite des rives de la Charente et je

remarquai les plantes suivantes : *Malva nicænsis*, *Teucrium Scordium*, *Erysimum cheiranthoides*, *Polygonum pusillum* Lam., *Poa aquatica*, *Salix rufinervis*. Le long d'un chemin où l'argile de la rivière domine sur le calcaire, de nombreux pieds du *Linaria spuria* tapissaient le sol et affectaient des dimensions gigantesques. J'ai remarqué la même espèce avec des proportions semblables sur des monceaux d'argile fraîchement remués, sur les carrières de marbre de Lyré (Maine-et-Loire), le 6 août 1845. Dans la ville, certains murs humides nourrissaient l'*Oscillatoria cruenta* Lesson ! en larges plaques d'un rouge de sang.

Le lendemain 13, après avoir assisté à la découverte d'une salle de bains romains, à l'extrémité du coteau sur lequel est bâti Saint-Vivien, je m'élançai sur le coteau voisin, bien résolu à en faire l'inventaire le plus exact possible pour la saison. Le voici : *Euphrasia Jaubertiana* et *E. Odontites*, *Anchusa italica*, *Linaria elatine*, *L. spuria* et *L. striata*, *Nigella damascena*, *Thymus acinos*, *Ajuga Chamæpitys*, *Walhembergia erinus*, *Rubus cæsius*, *Centaurea scabiosa*, *Scabiosa columbaria*, *Ononis repens* γ. Lloyd, c'est-à-dire à tiges allongées, ordinairement couchées, peu ou point épineuses, *Silene inflata*, *Muscari racemosum*, *Eryngium vulgare*, *Filago Jussiæi*, *Stellera passerina*, *Torilis helvetica*, *Rumex pulcher*, *Lactuca saligna*, *Aristolochia Clematitis*, *Polygonum aviculare* et *P. Convolvulus*, *Myosotis intermedia*, *Chenopodium hybridum*, *Heliotropium europæum*, *Amaranthus sylvestris* et *Carthamus lanatus*.

Le *Maïs* est abondamment cultivé à Saintes. Les enveloppes ou gaînes des épis de cette céréale servent à faire des paillasses et des matelas ; c'est un objet de commerce pour le pays. L'*Uredo maydis*, que les habitants appellent *du nuble*, avait attaqué beaucoup d'épis dans les champs que j'ai parcourus. Les grains étaient convertis en une poussière noire, leur enveloppe était distendue au point de changer leur forme et d'atteindre la grosseur d'une noisette et au-delà. Le *Millet Sorgho* ou *Jonc à balai* est aussi l'objet d'une culture soignée. Il fournit les beaux balais qu'on emploie dans ce département.

Le 16, de retour à Surgères, je fis une excursion dans les bois de Saint-Georges. La végétation me parut la même que dans les bois de Surgères ; je vis cependant de plus le *Chrysanthemum corymbosum*, le *Cornus mas*, et l'*Hypericum hirsutum*. Le *Prunus insititia* L., plante nouvelle pour le Catalogue, se trouvait dans les haies près de Pauléon, et je l'ai revu depuis dans celles de Surgères, sur la route de Saint-Georges et sur la route de Niort. La *Nigella damascena* habitait aussi ces champs.

Le 18, je poussai plus avant vers Mauzé. De la Goronnerie, maison de campagne à mi-route peut-être de Surgères à Mauzé, nous entrons dans les bois de Pauléon et de Benon. J'y revois le *Cornus mas*, — et dans une petite clairière qui, en hiver, doit être humide : *Galium boreale A fructibus glabris*, *Brunella hyssopifolia* ; — dans les champs : *Delphinium cardiopetalum* (1) et *Orlaya grandi-*

(1) Ainsi, au moins d'après ce que j'ai vu, voilà le *Delphinium cardiopetalum* sur le *Calcaire jurassique*, et le *D. Ajacis* sur les *terrains crayeux*.

flora; — dans une excavation sur le bord de la grande route un *Aira* trop avancé et qui paraît être l'*A. media* Gou. et Fl. du centre.

Le 22, le même botaniste qui avait voulu partager mes peines et mes plaisirs, dans l'île d'Oleron, voulut guider mes pas vers Fouras, localité riche et classique, où, comme dit si bien M. Faye, l'on découvre à chaque course de nouvelles richesses. Signalons entre autres plantes, en quittant la grande route pour suivre la côte: *Echium pyrenaïcum*, très-commun sur toute la côte; ses corolles violettes, presque régulières, et toutes ses parties si abondamment hérissées de poils roides, le font distinguer au premier coup-d'œil; *Iris spuria! Juncus acutus, Cynanchum monspeliacum, Polygonum maritimum, Atriplex rosea, Linaria arenaria, Rapistrum rugosum, Spartina stricta, Amaranthus retroflexus, Delphinium Ajacis, Salix rufinervis, Equisetum Telmateya, Inula graveolens, Erigeron canadense*, et *Pyrethrum maritimum* (*Chrysanthemum inodorum B. maritimum* Lloyd!). Lorsque les graines de cette variété remarquable, dit l'auteur de la *Flore de la Loire-Inférieure*, ouvrage petit de format, mais gros d'observation, comme dit M. Gay, tombent dans les fentes de rochers remplies de terre végétale, elles produisent le type, mais à feuilles plus charnues. De plus, ajoute M. Lloyd, j'ai semé ces deux formes, et dès la première année j'ai obtenu le *C. inodorum* de l'intérieur. — Mentionnons à Fouras même : *Medicago striata*, et *M. littoralis*, *Statice Dodartii* De Girard, *Melilotus parviflora*, et *Brassica oleracea.* Un seul pied en graine avec de jeunes rameaux feuillés était suspendu sur les parois de la côte sud, le long du petit bois de chênes verts. Il ressemblait parfaitement aux choux que j'ai reçus, cueillis sur les rochers maritimes de l'embouchure de la Seine, et s'éloignait par conséquent beaucoup de l'aspect de nos choux cultivés.

Nous parcourons le petit bois de chênes verts: c'est un vaste taillis. La végétation ne s'arrête pas là comme sur les côtes de la Loire-Inférieure, à une certaine distance du rivage pour y rester encore rabougrie. A Fouras, elle arrive forte et vigoureuse jusque sur la plage où les vagues viennent se briser. Les flots sapent les flancs de cette côte avec toute la puissance d'un immense bélier, dissolvent ce mélange de calcaire, de sable et d'argile, minent la base des chênes et les engloutissent tous vivants. Ce bois se continuait, dit-on, jusqu'à l'île d'Aix, qui n'en est éloignée que de 4,900 mètres, avant qu'un irruption de la mer eût séparé cette île de la terre ferme. A marée basse, en 1400, on allait encore de Fouras à l'île d'Aix à pied sec. — La saison était trop avancée pour un taillis aussi élevé, mais qui, au printemps, doit être très-riche; aussi nous n'y vîmes que le *Cistus salvifolius*, très-commun. Les feuilles de chênes-verts nourrissaient en abondance l'*Erineum ilicinum* DC., indiqué au Catalogue avec un point de doute.

En sortant de ce petit bois pour nous rendre au fort de la pointe de Fouras, nous ne pûmes nous empêcher d'admirer la régularité d'une triple ligne de végétaux si bien disposés sur le rivage qu'on les eût dits plantés au cordeau sur une longueur de plus de 80 mètres. Au premier rang, du côté de la mer, sur l'extrême limite où s'arrêtent les dernières vagues, c'est le rameux *Datura*

Stramonium au milieu des débris de *Fucus* jetés et abandonnés par les flots. L'*Atriplex rosea* remplit les intervalles. Au second rang, à un mètre en arrière, c'est le *Verbascum Thapsus* ou *Thapsoides*. Enfin, le 3.e alignement se forme avec le *Cynanchum monspeliacum* et l'*Iris spuria* L! Plus dans l'intérieur, de nombreux groupes du même Iris croissent çà et là sans ordre et ont des *tiges parfaitement cylindriques*. Et cependant c'est bien certainement la plante qu'ont voulu mentionner, sous le nom d'*I. graminea* L., dans leurs Flores, MM. De Candolle (1), Duby (2), Mutel (3), et Lesson lui-même (4), quand il dit qu'*elle couvre les plages littorales et maritimes de Fouras, de Châtel-Aillon, de l'île d'Aix*, etc ... La description que donnent ces auteurs est bien réellement celle du vrai *I. graminea* L. : *tige comprimée ou à deux tranchants, bien dépassée par les feuilles linéaires ;* mais tous les échantillons que j'ai cueillis ont la *tige cylindrique égalant les feuilles*, caractères de l'*I. spuria*. C'est encore l'*I. graminea* du Catalogue et de la Statistique de la Charente-Inférieure. Je me hâte d'avouer que j'ai partagé la même erreur dans

---

(1) Fl. fr., page 239, *en grande abondance sur le chemin de La Rochelle à Rochefort, au bord de la mer, vis-à-vis le Rocher.* Cette citation est prise mot pour mot dans le *Floræ Nannetensis Prodromus* de Bonamy, 1782, page 60. Voilà ce qui a trompé d'abord l'illustre De Candolle et bien d'autres après lui. Aussi, que j'aime voir M. Lloyd ne citer une localité dans sa Flore qu'après avoir vérifié les échantillons qui en proviennent !

(2) Bot. gallic., pag. 452 : *inter Rupellam et Rochefort.*

(3) Fl. fr., t. 3, page 266.

(4) Flore Rochefortine, page 488.

ma 1.re *excursion botanique*, avec mes échantillons des bois de Surgères : *Errare humanum est ; perseverare diabolicum*, aussi je m'empresse de me rétracter et de reconnaître l'*I. spuria* L. dans cette plante. M. L. Faye, en 1844, soutenait aussi que Bonamy avait confondu ces deux espèces (1), et M. Boreau, qui cultive au jardin botanique d'Angers l'espèce rapportée de Fouras par M. Bastard, n'hésite pas à la regarder comme l'*I. spuria*. Voilà une belle et bonne preuve que les botanistes, comme me l'écrivait naguère M. Ch. des Moulins, sont souvent gens se copiant les uns les autres. Cet Iris a donc pendant plus de 60 ans joui d'un nom usurpé; enfin justice est faite, quoique tardive. Mais si malheureusement les autres localités citées par les susdits auteurs ne sont pas plus exactes, nous serions réduits à rayer de la Flore de France l'*I. graminea*, espèce que M. Boreau m'avoue, du reste, n'avoir jamais reçue de localité française. Avis aux nouveaux auteurs de la Flore de France, MM. Grenier et Godron. L'*Iris spuria* croissait aussi en abondance aux Sables-d'Olonne (2), l'année dernière.

---

(1) *Statistique de la Vendée*, édit. de M. de La Fontenelle de Vaudoré, 1844, page 444 ; — *Note sur les plantes de la Vendée*, page 12, — et *Note sur les progrès de l'étude de la botanique dans la Charente-Inférieure*, déjà citée, page 10.

(2) Je citerai ici quelques autres plantes qu'à mon retour de La Rochelle je fus recueillir aux Sables-d'Olonne (Vendée), au commencement d'octobre 1847. — Dans les vases salées, près du bassin : *Spartina stricta*, *Aster Tripolium*, par grosses touffes isolées ; plus de la moitié avaient des fleurs dont les rayons étaient avortés ; — dans les chantiers du bassin : *Atriplex littoralis*,

Une surprise agréable nous attendait auprès du fort de la Pointe de Fouras. Dans une mare, en ce moment desséchée, nous cueillions une plante petite, mais abondante, et, de plus, nouvelle pour la Flore, le *Crypsis aculeata*. Sa station est ici la même que dans la prairie de Montoir où j'en avais fait provision le 5 août dernier.

Mes vacances allaient bientôt finir, et j'avais grandement

Melilotus parviflora ; — dans les jardins situés au milieu des dunes, le long des ruisseaux : *Helosciadium nodiflorum B ochreatum*, DC. ; — sur les bords de la côte : *Scirpus Holoschœnus*, parmi les *Juncus maritimus* et les *Sonchus maritimus*, *Scirpus Savii* ; — dans les dunes : *Rosa pimpinellifolia*, *Othanthus maritimus* Link, *Buplevrum aristatum* Bartl. ; — sur le bord d'un étier, en allant des Sables à la Baudùère : *Artemisia gallica* Willd., vivant de compagnie avec l'*A. maritima* Willd. ; — dans les vignes de la Bauduère : *Physalis Alkekengi*, *Falcaria Rivini*, *Diplotaxis Viminea*, *Centaurea scabiosa*, *Lathyrus latifolius*, *Iris germanica !* de chaque côté du chemin qui se rend à la carrière calcaire exploitée et traverse la vigne ; spontané ? naturalisé ! — dans un pré arrosé par les grandes marées : *Œnanthe Lachenalii*, *Statice Dodartii*, *Arenaria media*, et *Iris spuria !* surtout sur les parties les plus élevées de ce pré. — J'ai cueilli, dans le jardin botanique du Petit-Séminaire des Sables-d'Olonne, l'*Anchusa angustifolia*, dont le professeur, M. David, avait recueilli les graines sur les bords de la côte auprès des moulins. A-t-il été, comme chez nous, à Couëron, apporté avec le lest des navires ? — En Algues, je citerai : *Ectocarpus littoralis* ; *Ceramium rubrum*, *equisetifolium*, *tetricum* ; *Ulva purpurea*, Var. *B umbilicata* ; *Conferva diffusa* ; *Griffithsia setacea* Ag., *Desmarestia ligulata* ; *Gigartina pistillata*.

à cœur de visiter l'île de Ré. M. Hubert s'offrait pour être encore le compagnon de mes courses, et un de nos zélés collègues de Nantes, M. H. Ducoudray-Bourgault, s'empressa de venir nous joindre à La Rochelle pour être de la partie.

Le 24 septembre, nous nous embarquons sur le bateau à vapeur pour Saint-Martin de l'île de Ré.

Cette île, à 2 lieues ouest de La Rochelle, peut avoir 30 kilomètres de long, 2 à 8 de large, 55 de circonférence et une superficie de 8,000 hectares. Elle nourrit plus de 18,000 habitants. (Oleron n'en a que 16,500.) On y trouve 244 individus par kilomètre carré; en France on n'en compte que 60; c'est exactement à surface égale le quadruple de la population de la France en général. En août, septembre et octobre 1834, cette île fut cruellement décimée par le choléra : le nombre des victimes s'éleva à 976.

C'est un plateau généralement si bas que, sans les dunes de sable qui l'entourent, chaque grande marée y occasionnerait des inondations considérables. Dans les endroits les plus exposés aux coups de mer, l'homme a dû intervenir, et vous apercevez des digues de terre et de sable recouvertes à l'extérieur de pierres calcaires, qui sont les seules du pays. Ces digues sont, en outre, couronnées de pierres dans les endroits les plus susceptibles d'envahissement; leur sommet est, au contraire, planté en *Tamarix* dans les parties où l'on a moins à craindre.

Le territoire ne produit ni bois, ni pâturages; mais il abonde en vignes. Il est divisé en petites parcelles d'une manière incroyable. Dans les dunes, vous franchissez une petite propriété de 2 à 3 mètres carrés pour passer dans une autre plus petite encore. Ici quelques pieds le luzerne dont les plants sont espacés, soigneusement binés et sarclés (1); là, quelques ceps de vigne. C'est que, dans cette île, pas un pouce de terrain n'est perdu. Vous voyez le Retèle aller demander aux plus petits recoins un espace productif de sa subsistance. Dans cet état de choses, les charrues doivent être inutiles; aussi sont-elles inconnues; la houe et les bras, voilà les instruments aratoires du pays. J'ai dit que la division du territoire était incroyable : aussi ne mesure-t-on pas la propriété par son étendue métrique. On possède 100, 1,000, 10,000 souches de vignes, et leur nombre même sert à mesurer la superficie du domaine. Un tableau manuscrit dressé l'an 8, pour son usage, par un notaire de Saint-Martin, Me Jamain, confirme ce que j'avance. Un are, dit-il, vaut 8 ceps; un hectare vaut 800 ceps; cinq hectares valent un *quartier* ou 4,000 ceps; l'hectare un quart vaut un *quartron* ou 1,000 ceps. Chaque cep se vend 2 fr. 50 et jusqu'à 10 fr., selon la position et l'âge de la vigne. C'est bien plus le produit du sol que le sol lui-même que l'on paie. La valeur de l'hectare s'élève ainsi de 2,000 à 8,000 fr., et plus quelquefois. La cause de cette immense valeur c'est la forme de l'île qui, sur une petite surface, possède un immense littoral, et met chaque parcelle de terre à portée d'une grande masse d'en-

(1) Puisque la luzerne vient si bien dans ces dunes de l'île de Ré, pourquoi n'emploierait-on pas sur les nôtres cette légumineuse, dans le double but de les fixer et de servir de fourrage?

grais. La mer jette en abondance sur ces rivages du *Goëmon*, *Sart* ou *Varec;* et à marée basse les habitants ne manquent jamais de recueillir ces dépouilles du vieil Océan. Elles sont répandues de suite sur les cultures ou plus souvent encore elles sont entassées sur le rivage comme nos fumiers, pour y fermenter et s'y décomposer. Voilà ce qui donne à un sol sablonneux et peu riche les produits magnifiques que nous admirions. Les vignes tenues très-basses pour les préserver des vents de mer, étaient chargées de grappes nombreuses et bien fournies. Le seul inconvénient qu'on s'accorde à reprocher à cette espèce d'engrais, c'est de donner au vin un goût particulier peu agréable et qui se conserve même dans l'eau-de-vie. Les vignobles de l'île rendent communément 55,000 tonneaux de vin, et presque le double dans les années d'une grande abondance. Les terres labourables ont très-peu d'étendue et suffisent à peine à nourrir les habitants pendant trois mois de l'année; mais il se fait considérablement du sel dans l'île. L'exploitation de ces marais salants et la pêche occupent la majeure partie des habitants. Ils ont établi, comme nous à la Bernerie, des écluses ou digues dans les endroits où la mer laisse une grande surface à découvert. Quand la mer est basse, les pêcheurs se rendent dans ces pêcheries en pierres sèches pour y prendre le poisson qui, sans défiance, est entré *au flot*, et se trouve captif *au jusan* dès que la mer a baissé au-dessous du niveau de ces murs d'enceinte. C'est là que l'algophile a l'espoir de trouver aussi lui quelques raretés. Ces écluses que nous avons vues aussi à Oleron, mais alors sans aucun intérêt pour nous, ne sont pas sans inconvénients pour la navigation; des accidents nombreux le prouvent malheureusement trop souvent.

Les habitants se font remarquer par la propreté qui règne dans leurs habitations et dans leurs villages dont l'aspect annonce l'aisance et la gaîté. Les parois extérieurs des murs de leurs maisons sont blanchies et entretenues au lait de chaux.

Les plantes que nous avons récoltées sont, le 24, à Saint-Martin, sur les murs de jardin : *Sisymbrium Columnæ* trop avancé pour savoir si c'est le type ou la variété; — dans les dunes, sur la route d'Ars : *Silene conica*, et *S. bicolor* Thore, *Euphrasia Jaubertiana* Boreau, *Plantago arenaria*, *Centaurea aspera*; — le long de la levée construite pour protéger l'île, au milieu des *Tamarix*: *Cynanchum monspeliacum*; — sur la côte d'Ars : *Atriplex littoralis* entièrement semblable à celui qui se trouve sur nos côtes, et *Atriplex rosea*, *Salsola Kali* et *S. Soda*. La mer venait de laisser sur le rivage d'énormes monceaux d'algues; nous y courûmes, mais ces hydrophytes étaient à moitié ensevelies sous des cailloux roulés, ou en grande partie déchirées. Les mieux conservées étaient les *Gigartina pistillata*, *Cistoseira ericoides*, et *C. abrotanifolia*, *Plocamium vulgare*, *Dictyota dichotoma* et sa variété *intricata*, *Halymenia edulis*, *Furcellaria lumbricalis*, *Ceramium equisetifolium*, *Lyngbya crispa*, et *Gelidium corneum*. — Le 25, dans les villages de la Rivière et de Villeneuve : *Malva niceensis*; — dans leurs champs : *Chenopodium Scoparia* cultivé pour balai, comme à Oleron; — sur le bord des marais salants : *Statice Limonium* avec une inflorescence très-compacte et en corymbe, disposition qui nous frappa ; *Artemisia maritima* Willd. et *A. gallica* Willd, *Allium roseum* dont les caïeux extrêmement nombreux ramassés en tas avaient la forme et la grosseur des fruits du *Staphylea pinnata*, *Salicornia fructicosa;* — le long d'un ruisseau : *Salix cinerea;* — sur les dunes : *Statice Plantaginea*, *Medicago marina* et *M. apiculata*, *Artemisia campestris maritima* (*A. crithmifolia* DC.) ; — à Ars et dans ses environs : *Lepidium latifolium*, *Xanthium strumarium*, ambrosiacée que nous avions aussi remarquée aux Portes, à Villeneuve et à la Rivière ; — dans les champs : *Falcaria Rivini* et *Petroselinum segetum.*

A l'extrémité N.-O. de l'île s'élève le phare des Baleines. Il indique le gisement des rescifs qui s'étendent à plus de deux lieues au large sous le nom de *Rochers des Baleines.* Cette tour, élevée en 1679 et haute de 29 mètres au-dessus des grandes marées d'équinoxe, marque en même temps la position du *Pertuis d'Antioche* et celle du *Pertuis Breton.* Autour de ce monument abonde le *Cakile maritima.* C'est au milieu des nombreuses agglomérations de ses graines, sur les sables, que j'ai rencontré les gousses noires et discoïdes du *Medicago marginata* Willd., Lloyd ! plante nouvelle pour le Catalogue. Le *Statice Dodartii* De Girard fleurissait à l'ombre des *Tamarix;* il existait aussi à Ars, près du port. L'*Erigeron canadense* et le *Solidago graveolens* n'étaient pas rares dans l'île.

Le 26, nous trouvons à La Flotte, toujours sur les murs de la ville, le *Sisymbrium Columnæ.*

Le 27, de retour sur le continent, nous dirigeons nos pas sur Angoulin. Voici la liste des plantes de cette journée. Dans une haie, au milieu des vignes : *Althæa canna-*

bina ; — plus loin, sur les pelouses et sur toute la côte : *Echium pyrenaicum*, *Avena flavescens* ; — au poste d'Angoulin, parmi les *Juncus maritimus* et *Sonchus maritimus* : *Chlora sessilifolia* Desv. ; — depuis le fort d'Angoulin jusqu'à la Pointe des Minimes : *Convolvulus lineatus*, *Buplevrum aristatum* Barth. (*B. Odontites* d'un grand nombre d'auteurs, non DC. Prod. IV. pag. 129) ; — à la Pointe des Minimes, sur les ruines du couvent : *Inula squarrosa* L. ? forme remarquable à étudier de l'aveu de M. Boreau, *Statice Dodartii*, *Iris spuria !*, *Chrysocoma Linosyris !*, *Falcaria Rivini*, *Convolvulus lineatus* encore, *Rapistrum rugosum*, et *Melilotus sulcatus ? ?* C'est bien, il est vrai, cette espèce que l'on indique à la Pointe des Minimes; mais j'avoue que dans les quinze échantillons que j'en ai rapportés sur cette indication, aucun n'a pu conserver son nom spécifique, surtout devant une confrontation avec un échantillon de *M. sulcatus* que j'ai reçu de l'herbier de Pise. C'est, à mon avis, tout simplement le *M. arvensis* ; et c'est aussi l'opinion de M. Lloyd que je suis bien aise d'invoquer, parce que c'est celle d'un observateur patient et studieux.

Après cette longue énumération de plantes, jetons maintenant un regard sur les autres branches de l'histoire naturelle qui se trouvent représentées dans ma collection des vacances.

En Mammifères, je ne puis citer que le Rhinolophe bifer ou Petit Fer-à-cheval (*Rhinolophus bihastatus* Geoff.). Je l'ai saisi dans la crypte située sous le chœur de l'église de Surgères. Un escalier vous conduit dans une petite chapelle souterraine, éclairée seulement par une toute petite fenêtre, espèce de soupirail qui permet aux chauves-souris d'entrer et de sortir. Ses murs sont peints à fresque. Un second escalier vous permet de descendre encore dans un vestibule par lequel on glissait sous les dalles de la chapelle les châsses que l'on y déposait. C'est là que dormaient en paix les dépouilles mortelles des seigneurs de Surgères, des ducs de La Rochefoucault. Ce sanctuaire n'a pas été plus épargné que les caveaux de Saint-Denis; le plomb, le bois même, ont été enlevés, et les crânes, peut-être celui de la belle Hélène de Surgères, tant vantée par Ronsard, servent de jouet aux chauves-souris et d'habitation aux Salamandres! S'il est vrai, comme on le dit à Surgères, que l'existence de cette crypte ait été niée *à priori* par quelques archéologues de Saintes, en s'appuyant sur ce que l'enceinte du château où se trouve l'église est entourée de douves, je me plais à leur fournir ce petit renseignement. L'église de Surgères mérite bien, du reste, l'attention de tous ceux qui s'occupent d'archéologie, et la Société de Saintes l'a bien compris en faisant classer cet édifice parmi les monuments historiques de France.

J'ai continué mes recherches Erpétologiques, et j'ai eu le bonheur de me procurer deux nouveaux individus de la *couleuvre glaucoïde*. L'un et l'autre sont moins âgés que celui de Nancras que la Section des Sciences naturelles a généreusement fait lithographier dans ma *première excursion*. Tous deux ont été pris à Surgères, l'un dans une carrière, à un kilomètre de la ville sur la route de

Mauzé, l'autre sous l'allée des marronniers, dans la ville même. Je dois celui-ci à M. le vicaire. C'était là une occasion de m'assurer de la bonté des caractères que j'avais donnés et de confirmer le peu de valeur de ceux que l'on pourrait tirer du nombre de plaques abdominales et sous-caudales. L'individu que j'ai rapporté cette année à Nantes (car j'en ai laissé un comme preuve et souvenir au cabinet de mes collègues de La Rochelle) a 220 plaques abdominales, 108 sous-caudales, 43 centimètres de long, dont 10 appartiennent à la queue. Les taches blanches, qui à la base de l'occiput sont un peu espacées dans la lithographie et dans le sujet qui a servi de modèle, sont, dans celui-ci, qui est plus jeune, presque réunies et forment un fer-à-cheval blanc. C'est que dans les vieux la tache qui se trouve au milieu de l'écaille restant la même lorsque l'écaille vient à s'accroître, forme une suite de points blancs au lieu d'offrir, comme dans les jeunes, l'aspect d'une ligne non interrompue.

Une autre addition importante à la Faune de la Charente-Inférieure, c'est la rencontre de la *Couleuvre d'Esculape* (*Coluber Esculapii*, Sturm; Millet, *Faune de Maine-et-Loire*, planche 4 ! non L. ni Bonnaterre Encycl. pl. 39!). Ce reptile, pris par mon ami le médecin Berthaud, n'avait pas encore été observé dans ce pays, il vient de Nancras. La teinte des parties inférieures a beaucoup d'analogie avec celle de la *C. glaucoïde*, mais s'en distinguera toujours au premier coup-d'œil par sa tête plus petite que le cou et l'absence de toute espèce de taches sur la *tête*.

Je cite seulement pour mémoire la *Couleuvre à collier*

(*Col. natrix* L.), la *C. vipérine* (*Col. viperinus*, Latr. Cuv.) et la magnifique *C. verte et jaune* (*Col. viridiflavus*, Lacép.; *couleuvre commune*, Bonnaterre Encycl. pl. 38, fig. 3 !) que j'ai prise à Sainte-Gemme, près Nancras. Je désirais conserver vivante cette dernière, qui ne paraît pas avoir été trouvée dans nos limites. Je l'avais renfermée dans un très-fort cornet de papier, et j'étais curieux de savoir si elle chercherait à sortir de sa prison, et quel moyen elle emploierait. Je n'attendis pas longtemps. Bientôt, en effet, après avoir sans doute examiné les côtés faibles de la place, je l'entendis, je la sentis battre en brèche les parois de mon cornet que je tenais à la main. Sa tête faisait l'office de bélier; en moins de cinq minutes mon papier était troué et le reptile s'évadait. Je ne cherchai plus à le réintégrer vivant dans son cachot, mais après l'avoir agacé pour voir s'il se lancerait sur moi, je lui ôtai la vie, et son corps n'exhalait pas l'odeur fétide de la *couleuvre à collier*. Ce pays de Sainte-Gemme paraît extrêmement fertile en reptiles de ce genre, si nous en jugeons par l'examen d'un chemin couvert de poussière dans lequel, sur une longueur de 10 à 12 mètres, huit traces de passage de serpents hétérodermes étaient imprimées.

A Fouras, nous avons vu deux *vipères communes* (*Vipera communis* Lacép.) Comme je suis loin de professer pour elles le respect singulier que leur témoignent, dit-on, les Russes et les peuples de la Sibérie, persuadés qu'ils sont que s'ils avaient le malheur d'en tuer une ils éprouveraient la vengeance de toutes les autres, j'ai cru, au contraire, agir dans l'intérêt de l'humanité en les exterminant l'une et l'autre avec ma houlette.

Parmi les batraciens urodèles, j'ai pris à Surgères le *Triton marbré* (*Salamandra marmorata* Latr.) se jouant avec les ossements abandonnés des ducs de Larochefoucault.

Les seules Coquilles que j'ai vues sont : la *Janthine fragile*, apportée par les grands courants et jetée vivante sur le rivage d'Oleron ; elle était assez commune en ce moment ; le *Trochus magus*, habité par les *pagures* ; les *dails* (*Pholas dactylus*), qui minent sourdement les côtes d'Oleron et de La Rochelle et sont un objet de pêche. Les femmes vont, à marée basse, briser les roches calcaires qui renferment ces coquillages et les vendent au marché. Les *Tarets* sont encore un autre genre d'ennemis plus redoutable ; ils percent le bois des digues, qui finissent par céder aux efforts de la tempête. Les *Cyclostomes élégants* pullulent dans les bois de Surgères et dans les jardins. L'*Hélice chagrinée* abonde dans les îles. Les *Cagouilles* de l'île de Ré (c'est là le nom de cette espèce) sont renommées, et journellement servent à la nourriture des habitants. L'*Hélice rhodostome* n'y est guère plus rare.

En Entomologie j'ai bien peu de choses à indiquer : *Cicindela sylvatica* Latr., *Carabus purpurascens* Déj., *Licinus sylphoides* Déj., *Feronia madida* Déj., *Zabrus gibbus* Déj., *Harpalus servus* Déj., *Hister quadrimaculatus* Latr., *Ontophagus Schreiberi*, *Aphodius contaminatus* Fab., *Galeruca rustica* Fab., *Bacillus granulatus* Aud.-Serv., *Conocephalus mandibularis* Aud.-Serv., *Pentatoma acuminata* Latr., *Reduvius personatus* Latr., *Pieris Pa-*

læno Latr., *P. Hyale* Latr., *Argynnis cynara* Fab., *Melitæa linxia* Fab., *Bombyx russula* L., *Zygena fausta* Latr., *Hesperia comma* Latr.

En fait de CURIOSITÉS NATURELLES, je dois citer une fontaine incrustante que nous avons examinée, sur un coteau, à la Maçonne. Dans la source même, d'un mètre de profondeur, aucun dépôt de sédiment calcaire ne paraît sur les petits mollusques ou morceaux de bois qui séjournent au fond ; mais, à 2 ou 3 mètres de là, et cette propriété ne se perd qu'au bas du coteau, les petits morceaux de bois, hélices, cyclostomes, carocolles, etc., qui ont le malheur de tomber dans ce ruisseau, sont recouverts d'une couche calcaire qui va jusqu'à fermer complétement la bouche des hélices. — L'explication de ce phénomène, qui se reproduit, du reste, sur une bien plus grande échelle, à la fontaine de Sainte-Allyre, aux portes de Clermont, et peut-être mieux encore à Saint-Nectaire, près du Mont-d'Or, est très-simple. L'eau, chargée d'acide carbonique, traverse le sol calcaire, dissout, à l'aide de ce gaz, le carbonate neutre de chaux, et se trouve alors saturée de bi-carbonate de chaux. Bientôt la source apparaît à la surface, alors la pression atmosphérique n'est plus aussi considérable, l'excès d'acide carbonique disparaît, et le carbonate de chaux se dépose en devenant tel que primitivement il avait été dissous. On conçoit, d'après cela, que ce dépôt, n'agissant que sur la surface, l'intérieur ne soit point incrusté. Aussi, j'ai toujours trouvé l'aubier et l'écorce complétement putréfiés à l'intérieur dans les morceaux que j'ai brisés. A Sainte-Allyre, un nid d'oiseau ou quelque autre objet d'un petit volume, n'exige qu'une semaine de séjour dans cet atelier, dont la nature fait tous les frais. Personne n'a pu me dire combien la nature mettrait de temps à opérer, à la Maçonne, la même transformation.

Je ne puis, en terminant, me dispenser de dire deux mots sur les deux cabinets d'histoire naturelle de La Rochelle. Ils sont situés l'un et l'autre de chaque côté du jardin botanique. L'un appartient à la ville et contient, comme le nôtre, des objets de toutes les parties du globe; l'autre, privatif aux studieux membres de la Société des Sciences naturelles de La Rochelle, possède une petite bibliothèque (1) et ne renferme que les productions de la nature récoltées dans la Charente-Inférieure et dans les cantons limitrophes. Ce qui rend ce dernier remarquable, c'est le grand nombre d'objets recueillis et la manière admirable avec laquelle sont préparés les animaux. Ils méritent certainement à tous égards les éloges que je me

---

(1) La nécessité d'avoir sous sa main des livres pour étudier des objets ne s'est pas fait sentir seulement à La Rochelle. M. Mauduyt, conservateur du cabinet de Poitiers, m'écrit, à la date du 15 de ce mois, qu'il s'occupe depuis longtemps de réunir des livres d'histoire naturelle dans le même but. Comment M. Pesneau n'a-t-il pas compris qu'en isolant, par son testament, sa bibliothèque de ses collections, il rendait leur étude fort difficile? Et cependant ce botaniste savait parfaitement apprécier chez M. Desvaux, dans nos intéressantes réunions du lundi, l'avantage de posséder sous sa main ces deux choses.

Video meliora proboque
Deteriora sequor.

plaisais à donner au cabinet de Poitiers. On ne sait lequel louer davantage, ou l'ardeur des membres de la Société à enrichir leur commun trésor, ou la beauté et la fraîcheur des préparations de M. Guéri, qui sait si bien se passer d'émail et conserver les yeux naturels. Avec deux semblables éléments de bien, que ne peut-on pas faire ! Aussi, il y a à peine douze ans que 24 travailleurs ont fondé la Société, et déjà leur vaste salle est pleine.

Naturalistes de Nantes, à Dieu ne plaise que je veuille jeter à votre face un reproche d'insouciance pour notre Muséum. Dans nos réunions de la Commission de surveillance de cet établissement, j'ai pu apprécier votre dévouement et gémir avec vous à la vue d'une partie de nos richesses, surtout départementales, enfouies dans les armoires. Pourquoi un local plus spacieux n'a-t-il pas permis jusqu'ici de nous étendre ? Bientôt, nous l'espérons, nos vœux seront remplis, et chacun s'empressera alors de compléter notre collection, et nous n'aurons rien à envier aux cabinets d'histoire naturelle dont je me suis plu à vous entretenir dans le récit de ces deux excursions. Les Caillaud, les Armange, les Maugras, les Couy, les Mabit, les Guenier, les Bacqua, les Bodichon, les Amouroux, les De Cornulier, les Ad. François, à la générosité desquels le Muséum doit déjà tant, viendront encore y déposer les raretés qu'ils rencontreront dans leurs voyages.

NOMS VULGAIRES DE QUELQUES PLANTES DE L'ILE D'OLERON.

Grand'Mère. — Tribulus terrestris.
Grand'Mère de côte. — Salsola kali.
La Chenuelle. — Helychrysum Stœchas.
La Couillolle. — Aristolochia Clematitis.
Du Crève-Poule. — Bryonia dioica et Solanum Dulcamara.
Langue de Bœuf. — Borago officinalis.
Luisette. — Dictyota dichotoma.
Painchaud. — Eryngium maritimum. Évidemment altéré de *Panicaut*.
Du Patrassé. — Ephedra distachya.
De la Pecore. — Echium.
De la Piau de chien. — Cuscuta.
Queue de Renard. — Fucus siliquosus.
Saligaud. — Artemisia maritima L.; (A. Santonica Lesson, non L.)
Sart de marais. — Atriplex rosea.
Sart plat. — Fucus serratus.
Sart rouge ou nid de tanche. — Plocamium vulgare.
Du Senique de côte. — Polygonum maritimum.
Tranfle de mer. — Medicago marina.
De la Vrillée de côte. — Cynanchum monspeliacum.
Du Rhume ou Gourbet. — Calamagrostis arenaria.

28 janvier 1849.

(Extrait des *Annales de la Société Académique*, n.° mars et avril 1849.)

NANTES, IMPRIMERIE DE M.me V.e C. MELLINET. — 45,975.

www.ingramcontent.com/pod-product-compliance
Ingram Content Group UK Ltd.
Pitfield, Milton Keynes, MK11 3LW, UK
UKHW020426180726
13839UKWH00003B/1396